努力活成自己喜欢的模样

孙丽萍 编著

南京出版传媒集团
南京出版社

图书在版编目（CIP）数据

努力活成自己喜欢的模样 / 孙丽萍编著．—南京：南京出版社，2018.5

ISBN 978-7-5533-2180-6

Ⅰ．①努… Ⅱ．①孙… Ⅲ．①人生哲学-通俗读物 Ⅳ．①B821-49

中国版本图书馆CIP数据核字（2018）第060917号

书　　名：努力活成自己喜欢的模样
作　　者：孙丽萍
出版发行：南京出版传媒集团
南 京 出 版 社
社址：南京市太平门街53号　**邮编**：210016
网址：http://www.njcbs.cn　**电子信箱**：njcbs1988@163.com
天猫1店：https://njcbcmjtts.tmall.com **天猫2店**：https://nanjingchubanshets.tmall.com
联系电话：025-83283893、83283864（营销）025-83112257（编务）

出 版 人：项晓宁
出 品 人：卢海鸣
责任编辑：李雅凡
装帧设计：蒋碧君
责任印制：杨福彬

策　　划：日知图书（www.rzbook.com）
印　　刷：北京文昌阁彩色印刷有限责任公司
开　　本：710毫米×1000毫米　1/16
印　　张：16
字　　数：160千字
版　　次：2018年5月第1版
印　　次：2018年5月第1次印刷
书　　号：ISBN 978-7-5533-2180-6
定　　价：49.00元

营销分类：励志

前 言

南宋理学家朱熹曾言：“少年易老学难成，一寸光阴不可轻。”这是朱熹劝人向学的箴言，而历经几百年之后的现在，这句话依然值得借鉴。朱熹用他的经验告诉我们——人生易老，学问难成，时光永远“不可轻”。

其实，人生无论哪个阶段都需要成长的过程。

成长，它并非单纯意义上的长大成人，而是指我们不断走向成熟、摆脱稚嫩的过程。简而言之，所谓成长就是让我们自身不断变得更好、更强、更成熟的一个蜕变过程。

也许当我们午夜梦回，检索生命的相册时，会发现原来自己为了成长而走过太长的路，而路上有着惶恐、踌躇、疑惑与迷茫，但更多的是来自冲破青春迷茫的美丽记忆，以及每一次顿悟后的喜悦心情。每个人的人生路都难免有波折，然而只要时有清风拂面的美好，偶尔可闻花开的声响，那么便不虚此生，青春的迷茫也终将随风而逝。

儿时，我们成长的脚步走得很轻，周围陪伴我们的，是低声细语，是家人给予我们的关爱与照顾；青年，老师的呵护与教导，像远处引航的灯塔，伴随着我们跌跌撞撞走过青春的脚步；中年，琐事纷杂，但所经历的一切皆可以成为我们的恩师，让我们表里澄澈，活出真正意义上的月白风清。

谁的青春不迷茫，是坚持让我们成长。

行路难，成长亦难，长风破浪会有时，但只要我们坚持努力，一定会等到直挂云帆济沧海的那一天。“我想懂你的青春迷茫，我想化解每个人心中的迷茫。”这是这本书的所想，也期望走心的故事能让每个人重新认识自己，爱上自己的平凡，让努力的自己和当下不够优秀的自己和解，让每一个明天都可以对镜告白：我战胜了昨天的自己，今天是更好的我！我会努力活成自己喜欢的模样！

C·O·N·T·E·N·T·S

目录

第六章 踏踏实实规划美满人生，打破迷茫魔咒

第一章

人生不迷茫，青春不落幕

年少时期，我们总会一次次不自觉望向远方，对远方的道路充满憧憬，尽管忽隐忽现，充满迷茫。有时候那种迷茫和无助只有自己能懂。尽管有点孤独，尽管带着迷茫和无奈，但我们依然可以选择勇敢面对，因为这就是只属于我们自己的青春。

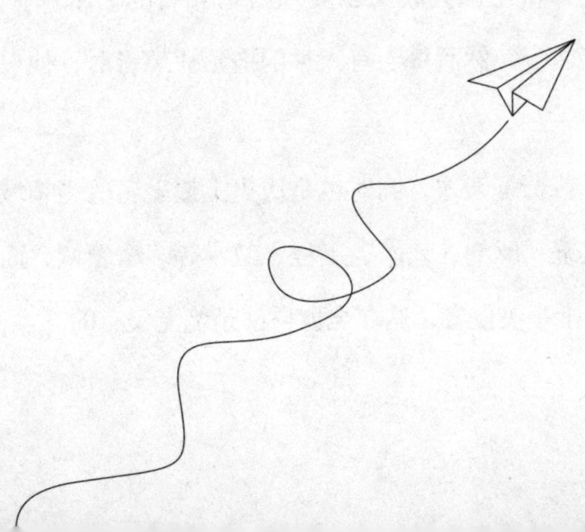

别让拖延症拖延你的人生

你是否有过这样的经历，明明今天可以做完的事情，非要拖到明天甚至后天去做。如果你经常这样，那么就能算是一名拖延症患者。时光如白驹过隙，青春稍纵即逝，千万不要让拖延症拖延了你的人生。

拖延症存在的普遍性可能会让你吃惊。曾经有一位记者随机采访了十多位来自各行各业的年轻人，可没想到90%的人承认自己有拖延症。人人都知道拖拉不是什么好习惯，它到底会造成什么影响呢？

达·芬奇是意大利文艺复兴时期著名的艺术家，也是历史上最著名的画家之一，然而每当有人举例拖延症患者时，他总是会被作为例子提到。

达·芬奇是天才，同时也是历史上最著名的多领域博学者，他的成就涉足建筑、解剖、艺术、工程、数学等多个领域，而且在每个领域里他都称得上是佼佼者，这在全世界都是绝无仅有的。

达·芬奇有一个习惯，无论做什么事都喜欢记笔记，他一生写了大量笔记。据估算，传世的六千多页写得密密麻麻的书稿只是他笔记的一小部分。由此可见，如果他的笔记全部流传下来，几乎都能赶超司马迁的《史记》。

这些笔记显示，达·芬奇成为西方第一个人形机器人的设计者、第一个绘制子宫中胎儿和阑尾构造的人，他的绘画创作方案更是不计其数。这个事实从侧面反映了在达·芬奇的一生中他的注意力是相当分散的。

由于追求完美和不断有新的灵感到来，达·芬奇成了一个典型的拖延症患者。只不过和大多数有拖延症的人一样，他也有冠冕堂皇的借口，那就是他在等待灵感，一切都还来得及。

众所周知，享誉全球的画作《蒙娜丽莎》是达·芬奇的代表作，可有谁知道，就这样一幅人像画，他足足画了4年。别说他自己，就连想买这幅画的人最后都不愿等待，最终放弃了。

《最后的晚餐》算是达·芬奇没有太拖延就完成的作品，因为完成这幅壁画仅用了3年时间。在当时，像达·芬奇这么有名气的画家，他的画作一般都会有人提前预订。也就是说，他还没开始画，就已经收取了一部分定金。结果可想而知，那些预订了达·芬奇画作的人望眼欲穿，可是收到的全是达·芬奇开出的空头支票。这严重影响了他与客户之间的关系，让达·芬奇的口碑变得极差。

因为达·芬奇的这种性格，导致他的画作极少问世，最终传世的画作不超过20幅，并且有五六幅到他去世时还压在手里没能交付。

直到达·芬奇去世200年后，他的绘画手稿才被后人整理成书，而更多科学方面的实践至今仍隐藏在那些草稿图中，成为遗憾。

达·芬奇本人其实亦为自己的拖延症苦恼，在一则笔记中他这样写道："告诉我，告诉我，我可以用什么办法能快点儿把工作做完？"

有的人为了对付拖延症想出了自己独特的办法。据说喜欢游山玩水的法国著名文学家维克多·雨果会赤身裸体地写作，让管家把他的衣物藏起来，这样在应该写作的时候他就无法外出了。所以大家都笑谈，如果维克多·雨果在写作，最好不要去看他，因为很有可能与他"坦诚相见"。

心灵悟语

拖延症其实每个人都有，有些人之所以可以战胜拖延症，只因为他们不想让这种习惯荒废掉他们的人生。他们愿意挑战自我，并付诸行动。

世界上没有一条弯路是白走的

人的一生要走许多弯路，但每条路不一定都会是我们心甘情愿选择的，有时难免误入歧途。弯路于我们来讲，不啻人生中的逆境，面对弯路，我们也许应该有“应无所住，而生其心”的中庸心态，也可选择积极入世的“儒家”素养，更可以用超然出世的“道家”理论来安抚自己。只要我们坚信每个人的人生都有一条弯路，谁也没法替谁走完，但要相信未来一直会在。

鲁迅出生于浙江绍兴的一个大户人家，家族显赫，名人辈出，他的祖父当年考中过进士，曾在京城做官，父亲也曾高中秀才，当地一提起他们家，无不纷纷竖起拇指，啧啧赞叹。

鲁迅13岁那一年，家里遭到一场很大的变故，鲁迅的祖父因贿赂乡试主考官，案发被捕入狱，鲁迅家自此家道衰落。祸不单行的是，鲁迅的父亲又得了肺病，经常吐血。因为当时医疗水平实在有限，始终也不能确诊是什么病，再加上家道败落，不能拿出更多的钱来治病。于是就按照绍兴民间的土办法来止血，让病人喝陈年研磨出来的墨水。又请当地的中医来诊治，吃了不少中药，还用了一些稀奇古怪的药引，最终也没能挽回父亲的生命。

当时鲁迅内心固执地认为“中医不过是一种有意或无意的骗子”。从此他立志学西医，准备学成后“救治像父亲一样被误的病人，万一要是战争需要，自己就去当军医”。

于是他便到日本仙台医学专门学校学医。鲁迅在仙台学习的第二年就已经发觉自己好像走了弯路，他发现自己好像并不适合学医。尤其一次上细菌学课，需要用幻灯片来显示细菌的形状和活动情况。教师讲完后，还没到下课时间，便放了几段时事幻灯片子，映出的是不久前刚结束的日俄战争的故事：日军抓了一个中国人要枪毙，说他做了俄国间谍，刑场四周围了很多身强力壮的中国人在看热闹……这时，有的日本学生狂呼“万岁”，有的斜着眼睛看着鲁迅，议论说：“看看中国人这样子，中国一定会灭亡。”面对此情此景，鲁迅再也坐不住了，他猛地站起来，夹起书本愤然走出教室。鲁迅被这件事深深触动了，他想：人民不觉醒，是中国落后的根源。如果中国人思想不能觉醒，即使体格如何强壮，还不是被帝国主义者抓去杀头？病死多少人倒不是主要的，最主要的在于改变人们的精神，要唤醒人们，中国才能有希望。于是，鲁迅开始了自己最擅长的职业，以笔为刀，剖析人性，试图唤醒人们的热血与良知。

不过，也许有人会说，鲁迅那两年学医的过程真的可惜，走了那么大的一圈弯路，还浪费了时间。而鲁迅却不那么想，他认为，正是这两年的弯路，才让他深刻领悟到自己适合做什么，不适合做什么，所以，弯路看似曲折，实际上却是人生中最重要的转折。

有一个女孩从高职院校毕业后，作为仅被录取的三名女生之一，进了一家大型轴承厂。尽管那是外人羡慕的好单位，可进去了，她才知道，虽然收入不错，但那里的机床并不适合女孩子操作。

站在庞大的机床下，柔弱的她常背着人流泪。就这样，她足足硬撑了三年。后来她调到一家生产小型滚动轴承的工厂，做了一名工序抽检员。她惊喜地发现，自己似乎天生就是干抽检员的料，无论师傅教她什么，她都一点就通。家人劝她说："你上班的时候找准机会，调到环境好些的工序上干抽检，固定一个岗位，不用杂七杂八学一大堆，省时省力，不走弯路。"看到好几位资深的抽检员都是一个岗位一干十几年，她也暗暗希望能稳定。可不知为什么，领导却让她一道接一道工序地轮着干。

就这样，她被分到噪音最大的冲压工序当抽检员。刚学会，她又被调到软磨工序，后来，又去当基面工序的抽检员……她的脑子几乎没有闲的时候，总是一样新工艺学会了，又被调到另一个工序。为此她气恼过，沮丧过，师傅开导她："你走的路有点弯，但你学会的也比别人多啊。"几年后，公司传来报考技师的消息。她就想试试运气。可是听说技师考试范围很广，不仅限于她所熟悉的那类产品的工序抽检。为了顺利通过考试，业余时间她便到其他单位拜师学习。别人都觉得她花费了那么多精力准备考试，实在不值。她也觉得自己是不是又走了弯路。

而令她惊喜的是，检查工大赛实践操作涉及的范围很广。以前她所羡慕的那些固定在一道工序上一干就是十几年的资深抽检员，在测量不熟悉工序的产品时面面相觑，而她却知道该怎么测量。拿起理论试卷，她也答得相当顺利：什么是轴向？什么是径向？桥尺如何使用？游隙如何测量？……这些知识在她报考技师时，都已经学到了。

那一天，她欣喜地发现，原来，之前走的“弯路”让她看到了更多的风景。原来，多一分经历，就多一些经验；多学一点技能，就多一分优势！她从来自全国机械行业的众多选手当中脱颖而出，以理论成绩第一、实作第二、总分第一的好成绩荣获全国机械行业首届轴承检查工技能竞赛“机械行业技能标兵”的称号，并被评为公司第一批“首席员工”。她就是——王慧丽，市级“优秀专家”称号第一人，并且成为公司第一位当选专家的女工。如今，她已是一位深受众人尊敬的技术权威，那些被她抱怨过的“弯路”，在她看来，都是一笔笔宝贵的财富。

心灵悟语

于绝境中懂得如何在乐苦顺逆之间寻找自处之道，这是我们无论走入哪种绝境都要首先学会的。原来，每一条弯路都是为了让我们看到更加开阔的景色，让我们历练出更开阔的胸怀和更有价值的人生。

除了自己，没有人能否定你

别太在意别人的看法，也无须从他人的目光里寻求自己存在的价值。我们不能决定他人，只能决定自己。

因此，无论是否有人欣赏，无论他人怎样看待，依然绽放着独属于自己的芳香和快乐，才是真正为自己而活，才能活得开心。

从前，有一个公主，出落得十分美丽动人。可是，因为她从小就被巫婆关在了一座高塔里，从没有见识过外面的世界，也没有镜子认识真正的自己。而且，巫婆每天都数落她，说她是如何如何丑陋不堪，看到她的人都会被她的样子吓坏。公主相信了巫婆的话，一直认为自己是一个相貌丑陋的人，一旦离开高楼就会被外面的人耻笑，因此即使是巫婆放松警惕的时候，她也丝毫没有产生过要逃走的念头。这种情形持续了好多年，直到有一天，有一位王子无意间经过高塔，看到了美貌的公主。王子由衷赞叹公主的美丽，用了许多赞美来鼓励她，才解除了巫婆的诅咒，帮助公主恢复了自信。最终，公主和王子一起离开了禁锢她多年的地方。

真的是高塔囚禁了公主吗？当然不是，囚禁她的是她自己。她被巫婆灌输给她的“她很丑”这一错误认识给蒙蔽了，渐渐产生了自卑心理，以至于多年来都陷在无形的囚笼中不得解脱。不得不说，这种做法非常欠妥。

然而，现实生活中，很多人却像公主一样，宁愿相信他人，也不愿相信自己。他人说“你真失败”，他们信了；他人说“你很平庸，永远不会成功”，他们也信了……他们不了解自己，因为不了解，也就无法建立自信，于是只能围绕着他人的评价打转，同时还不停地给自己错误的心理暗示。

但事实上，在这个世界上，最了解自己价值的只有我们自己，纵然是亲人、朋友也很难全面评价，我们在任何人眼里的形象都只是一个侧面、一个影子，所以，为什么要信他人而不信自己呢？他人如何看待自己只能作为一个参考，但若为了那些负面评价便自轻自贱，就实在没有必要了。

一个人的成功或失败，很多时候并非由于有没有能力，而关键在于是否自信。没有信心的人是很难做好什么事的，更难以成就自己，而一旦陷入对自我的怀疑中，也许还会让成功功亏一篑，英国女科学家富兰克林就曾使得自己与成功失之交臂：

富兰克林从伦敦圣保罗女子学校毕业后，1938年进入剑桥大学纽纳姆学院求学，1941年毕业，在1967年的诺贝尔化学奖得主罗纳德·诺里什门下进行研究工作。

早在1939年，富兰克林就曾构思过关于DNA（脱氧核酸）的化学结构，并且在笔记本上画出了一个螺旋形图样。到了1951年时，她更是从自己所拍的极为清晰的DNA的X射线衍射照片上，发现了DNA的螺旋结构，并就此举行了一次报告会。

然而，令人极为遗憾的是，富兰克林生性自卑多疑，她总是怀疑这个论点的可靠性，反反复复地纠结后，她最后竟放弃了自己先前的假说。没想到，就在两年后，1953年的2月，霍森与克里克也和她有了同样的发现，提出了同样的假说，而这一假说的提出标志着生物时代的开端，这两位科学家还因此获得了诺贝尔医学奖。

可以想象，富兰克林在霍森和克里克获奖的时候，其心情有多么复杂！但是仔细想想，这一切能怪谁呢？如果她再自信一点，坚信自己的假说并坚持继续深入研究，那么这一伟大的发现和耀眼的成功都将是属于她的。可惜，世界上所有的事过去了就过去了，再多的"如果"也没有用。

也许，每个人心里或多或少都有着自卑情结，当这种情结作祟的时候，便不由自主地陷入种种灰暗情绪中，而成功的人会克服它，并将之化为动力，更努力地完善自己，失败的人却会被它掌控，放任自己处于抑郁状态里。

其实，优秀的人、成功的人也有缺点和不足，同样的，就算是旁人看来再失败的人也肯定有其擅长的地方。那么，何必一味为自己的短处难过呢？又何必将他人的看法作为自己的准则？不如找到自己的优势所在，做最拿手的自己，就像孔雀开屏那样，把自己最好的一面呈现出来，如此，无论是事业上还是生活里，我们一定可以成为最后的赢家。

有一个诗人，十分热爱作诗，经过长久的努力，他的一些作品在当地报刊发表了，也在小圈子里挣出了点儿名气，这让他感到很自豪。但同时，他也非常苦恼，因为还有很多诗篇没有发表出来，为此他又不禁怀疑自己是否不适合当诗人。他向禅师倾诉了这一切，希望禅师能够帮助他。

禅师听后，微微一笑，指着窗外的一株植物说："你知道那是什么花吗？"诗人看了看，回答说："那是一株夜来香。"禅师点了点头，说："是的，因为这种花只在夜晚开放，所以人们叫它夜来香。那你认为，夜来香为什么不像其他一些花一样在白天开，而只在夜晚开放呢？"诗人不明白禅师的意思，疑惑地摇了摇头。

"夜来香在夜晚开花，很少人能看到，可它还是快乐地绽放着，因为它开花不是为了引人注目，而只是为了愉悦自己罢了。"

"愉悦自己？"禅师的解答让诗人似有所悟。

"那些白天开放的花，能引起人们的关注，赢得世人的赞誉，可夜来香，在无人欣赏的情况下，仍旧快快乐乐地绽放着独属于自己的芳香，这才是真正地为自己而活。”禅师顿了顿，继续说道：“我们做人也是这样，很多人所做的一切仿佛都是在做给别人看，只有得到他人的肯定和赞赏，他们才会觉得快乐，否则，就会沮丧失望，这其实是把自己的快乐都交给了旁人来决定啊！可是，一个人只能先取悦自己，才能不放弃自己，才能提升自己，然后才能影响他人。夜来香虽然只在夜晚绽放，但很多人都是枕着它的芳香入梦的，一个人难道还不如一棵植物吗？”

心灵悟语

是啊，我们是为自己而活的，和他人的评价又有多少关系呢？何况，每个人的经历、能力、运气等都不一样，他人的成败并不能影响我们的芳香，他人的看法更不能决定我们自身的价值，唯有我们相信自己，才能扬长避短，才能激发潜在的力量去创造成功，创造一份美好的生活。

习惯改变，你的人生跟着改变

人生就是相辅相成，环环相扣的一个过程。所谓：“相由心生，心若改变，我们的态度跟着改变；态度改变，我们的习惯跟着改变；习惯改变，我们的性格跟着改变；性格改变，我们的人生跟着改变。”所以，想要改写人生，首先必须改变习惯。

著名的球星卡特现在已经是声名赫赫，战绩惊人，然而，有谁知道，如果不是他改掉了一个坏习惯的话，他肯定就没有了今天的辉煌。

卡特在儿时有一个非常不好的习惯，他不能专心地去做一件事，总是一心二用，妈妈为此在他身上花了很多工夫。卡特深知这种习惯不好，也努力地去改正，在他刚刚改正了这种习惯后，就成了受益者。

卡特每个暑假都想出去打工，因为当时他的伙伴都是这样干的，他们自由支配赚来的钱，想买什么就买什么。卡特和妈妈说了自己的愿望，妈妈想了想说：“你去试试也行，不过，要看对方能不能录用你。”于是，卡特乐便呵呵地出去找工作了。

当时一个杂货铺需要一个小伙计，老板在杂货铺的窗户上贴了一张独特的广告：“招聘一个能自我克制的小伙子。每星期40美元，合适者可以拿60美元。”卡特一听会给这么多钱，于是他立即跑来应聘，他忐忑地等待着，终于，该他出场了。

“能阅读吗？”杂货店的老板这样问卡特。“能，先生，我已经认识很多字了。”卡特骄傲地回答。“那你把报纸上的这段文字念给我听好吗？”杂货铺老板把一张报纸放在卡特的面前。

“可以的，先生。”卡特拿起报纸，信心十足地表示。“你能一刻不停顿地朗读吗？”老板有些怀疑。“可以的，先生。”卡特觉得这有什么难呢？于是商人把卡特带到他的私人办公室，然后把门关上。让卡特不停顿地读完那一段文字。没想到，阅读刚一开始，商人就放出两只可爱的小狗，小狗跑到卡特的脚边。要知道卡特最喜欢的动物就是小狗。许多应聘者也都很喜欢小动物，然而都因为经受不住诱惑要看看美丽的小狗，视线离开了报纸，因此而被淘汰。阅读的时候，卡特想起妈妈对他不可一心二用的教诲，于是他不受诱惑一口气读完了材料。

杂货铺老板很高兴，他问卡特：“你在读书时没有注意到你脚边的小狗吗？”卡特答道：“是的，先生。虽然它们很美丽，可我今天是来找工作的。”“我想你应该知道它们的存在，对吗？”先生继续问到。“对，先生。”卡特诚恳地回答。“那么，为什么你不看一看它们？”“因为你告诉过我要不停顿地读完这一段文字呀。”卡特依旧老老实实地回答，老板在办公室里来回走着，突然高兴地说道：“你就是我想要的人。”就这样，卡特被录取了。杂货铺的老板觉得，如果一个人能听自己的话，就是信守诺言的表现，卡特答应自己要读完报纸，所以他没有受到小狗的干扰，老板觉得这很难能可贵。

从那以后，卡特理解了妈妈的用心良苦，也彻底改掉了凡事不专心的坏习惯，最终开始了自己开挂的篮球生涯，直至达到事业巅峰。

林则徐有一个习惯，那就是在他的家中很少悬挂字画。然而在他的书房，却有着一幅大大的书法作品，上面“制怒”两个大字非常醒目，原来这张横幅是林则徐父亲对他的遗训。

林则徐年轻的时候性子急躁，遇事不称心就要发怒。父亲多次劝告，收效甚微。眼见林则徐就要被这个坏习惯所累，父亲很着急。没过多久，林则徐将赴外地上任，临行前，父亲给他讲了这么一个故事。

从前有一个县官，非常孝敬父母，最恨不孝的犯人，判罪也特别重。一天，有两个人捆了一个嘴里塞着东西的年轻人来见官，说这年轻人是个不孝之子，不但骂他娘，而且还要打他娘，把他捆住后仍不停地骂，因此用东西把他的嘴巴堵着。县官一听，火冒三丈，立即吩咐重打五十大板，把那年轻人打得皮开肉绽。这时，有个老婆婆拄着拐杖进来，边哭边诉道：“求求青天大老爷做主，刚才有两个强盗来抢我家的牛，我儿子一个人打不过两双手，被强盗绑了去，不知弄到哪儿去了，请求老爷赶快替我找我儿子，我就只有这么一个孝顺的儿子呀。”县官这才明白，原来打的就是个孝子。真是一时性急，判错了案。

林则徐明白父亲讲这故事的心意，当场便遵嘱写了“制怒”二字，以时刻警惕自己改掉容易发怒的毛病。时间一久，林则徐确实改掉了这个坏习惯，每次处理公事，他都能做到平心静气地等待对方陈述完，由此，他经手的案子从来没出现过冤假错案，林则徐的名声也在他改掉坏习惯后变得越来越响亮，最终得到皇帝的信任而被委以重任。

王尔德说过：“起先是我们造就习惯，后来是习惯造就我们。”

一个人的身上好习惯与坏习惯总是并存的。改掉坏习惯，养成好习惯，我们的命运就会有所不同，我们就会有一个美好的人生。

心灵悟语

马克思曾说过：“良好的习惯是一辆舒适的四驾马车，坐上它，你就跑得更快。”要想在事业上取得成功，就必须有好的习惯，它能使人更快地达到目标，更好地实现理想。

没有什么是一成不变的

《北京爱情故事》里，小猛问过这样一句话：“有什么是一成不变的吗？”

时间在变，人也在变，我们永远无法预知明天会发生什么事情，所以，当我们能拥有以不变应万变的底气，那么，我们也才会收获真正的永不言败的青春。

康斯坦丁·齐奥尔科夫斯基是俄国著名的科学家，有“俄罗斯航天之父”的美誉。他出生在俄国一个美丽的小村庄。康斯坦丁从小就是个乖孩子，但是他有一个特点，那就是爱幻想。

他8岁那年，母亲送给他一只红色的氢气球，他高兴极了，氢气球一下子就飞了出去，飘飘荡荡地越飞越高，很快飞到了天空深处。“我能像氢气球那样飞到别的星星上去吗？”小康斯坦丁好奇地问妈妈。“那是不可能的。”妈妈回答道。童年的康斯坦丁就是这样地喜欢幻想。

没想到，在他10岁的时候，不幸患上了猩红热，严重的并发症使他几乎完全失去了听觉。上学时他听不清楚老师讲的内容，还常常招致其他小朋友的嘲笑。康斯坦丁逐渐与人们拉开了距离，他无法继续在学校读下去了，只好辍学回到家里。好在温柔善良的妈妈一直鼓励他说："孩子，你要相信，没有谁的生活是一成不变的，无论是变坏还是变好，我们都要试着去适应它，或者说战胜它，而不是退缩、逃避。"

灾难接踵而来。两年后，母亲去世了。小康斯坦丁陷入了人生最痛苦、最忧伤的时刻。但他想起了母亲说过的话，于是他发奋读书，以幻想的方式忘却痛苦与烦恼。

康斯坦丁通过刻苦的努力，学到了许多物理知识。后来，他又爱上了设计各种模型，并因此学会了木工、钳工和使用其他工具的技能。

长大后的康斯坦丁有了自己的工作，去学校教书，他在闲暇之余写了一篇名为《自由空间》的论文，正式提出利用反作用装置作为太空旅行工具的推进动力的设想。1957年苏联的第一颗人造卫星上天，以及1969年美国的登月壮举，最终使得他的理论设想成为现实，康斯坦丁也因此成为苏联航空航天史上的一位杰出人士。

世界上没有什么是一成不变的，无论是走运还是倒霉都不可能贯穿我们的一生。这个世界上，最终获得成功的人，肯定不是最幸运的那一个，往往是更坚强的那个人。

如果我们认识的一个小孩，他3岁的时候才学会说话，你会怎么想？

是的，这个叫纳特的孩子成了邻居口中的弱智儿，尤其在他更大一点的时候，又在横穿马路时被车撞飞，而且是头部着地，从此以后，各种疾病就接踵而至，和他如影随形。麻疹、水痘、肺炎、湿疹、哮喘、皮疹、扁桃体肥大……一个疾病接着一个疾病，虽然不致命，但要一个孩子整天同病魔做斗争，惨痛可想而知。

不堪忍受病痛的纳特问妈妈：“妈妈，真的有上帝吗？”妈妈说：“当然有了。”他说：“那上帝为什么对我这么残忍，让我总是和医生打交道。”妈妈抱着他的头，对他说：“孩子，不是上帝残忍，他也许是在考验你，把你磨炼得无比强大，他要让你提前知道，没有什么是一成不变的，我们要学会好好珍惜我们所拥有的。”

小纳特因为面瘫，不得不接受脊椎穿刺手术。两周过后，面瘫的症状消失了。但是，不幸并没有放过这个坚强的孩子。本来说话就晚的他说话有些口齿不清。每次他张嘴说话，别人都弄不明白他想表达什么。甚至在家里，也只有和他朝夕相处的哥哥达柳斯能完全明白他想表达什么意思，连妈妈偶尔也需要达柳斯的“翻译”。为此他不得不又去令他深恶痛绝的医院，还要去上演讲课。

多病的童年留给他的是痛苦的记忆，还有一个弱不禁风的身体。这个体弱多病的孩子却喜欢打篮球。尽管在篮球场上他经常被人碰倒在地，常常伤痕累累，但特纳却对篮球充满了激情。他觉得在篮球场上，自己能强壮起来。由于他的身体实在太弱，没有谁愿意带他打篮球，只有哥哥达柳斯愿意和他一起打。贫困的家里没有篮球场，也没有篮球架。哥俩把一个装牛奶的板条箱固定在一根电线杆上，用铁棍捏了一个篮球圈。这就足够了，哥俩日复一日、年复一年在自家后面的小巷子里追逐着篮球，也追逐着梦想。他的身体越来越强壮，打篮球的技术也越来越高，高中时，就收到了俄亥俄州立大学提前录取的通知书。

可若干年后，就是这个病怏怏的男孩子纳特，变成了一个强壮有力的球星。2011年夏天的NBA选秀大会上，特纳以榜眼的身份被费城76人队选中，签订了三年价值1200万美元的合同。专家们对他的评价是：综合能力极强，是一名融合了天赋、身材、爆发力、篮球智商、篮球大局意识的优秀球员。而此时的他身高1.97米，体重95千克，臂展2.03米，原地摸高2.7米。在接受记者采访时，他说："别人的人生满是故事，而我的人生却满是事故。不过，我不埋怨。我和妈妈想的一样，人生中没有什么是一成不变的，只不过，我通过病痛，把我的人生改变得越来越精彩而已，所以，我反而要感谢它们。"

心灵悟语

永远不要埋怨已经发生的事情，而是要试图去补救或者战胜它，没有什么比全力以赴地去跟明天拼搏来得更有意义，青春原本就是一个应该肆意拼搏的字眼，只要我们不迷茫，勇于奋斗，为青春找准方向，我们年轻的心才不会轻易地落幕和散场。

不是所有花都在春天盛开

万物有序，不是所有的花都在春天开放。每一种花都有独属于自己的风姿，它们遵循时令成长、盛开、回归泥土，从来不急不躁。同样的，不是所有的人都沿着同一生命轨迹行进。高峰、低谷、开阔、曲折，漫漫人生路上，每个人的所遇也都有自己的时机。所以不用着急，且从容地感受生活，与成功悠然邂逅。

有一个人觉得自己的生活很糟糕，为此感到万念俱灰，便决定放弃工作、婚姻和多年的理想，甚至放弃生命……就在这时，上帝出现在他的面前，劝告他不要放弃。

这个人说："可是，上帝，你能给我一个不要放弃的理由吗？"

上帝将他带到一片森林前，说："你看到那些山蕨和竹子了吗？"

这个人点点头，"看到了。"

"这些山蕨和竹子在播种后，我给了它们充足的阳光和水分，将它们都照顾得很好，山蕨很快就从地面长出来了，茂密的绿叶覆盖了地面，可是竹子没有一点动静。然而，我并没有放弃竹子。

“第二年，山蕨长得更茂密了，但竹子的种子仍然没有长出来。我还是没有放弃。第三年，第四年，依然如此。

“终于，在第五年时，竹子冒出了一个细小的笋尖，和山蕨一对比，竹子的长势看起来是那样的微不足道。可是，仅仅6个月后，竹子就长得很高了！竹子花了整整5年来长根，而这根给了它生存所需的一切，并让它变得十分强壮！”

上帝顿了顿，继续说：“孩子，你知道吗，你这段时间经历的低谷，实际上就是你长根的时候，你所有的挣扎都是为了长出坚实的根。我没有放弃竹子，同样，也不会放弃你。你不用拿自己和他人做比较，就像山蕨和竹子，它们作用不同，但都会让森林变得漂亮、茂盛。等你的时机到了，你就会上升得很高！”

我们每一个人，可能是生长得很快的山蕨，也可能是生长得很慢的竹子，在冒出地面之前，没有人知道最后结果，但无论如何，我们都可以让这个世界变得更美丽。最重要的是相信自己，依从自己的本性去长根，去绽放一份独一无二的精彩——上帝不会放弃我们，我们也不应放弃自己。

美国著名的植物遗传学家芭芭拉·麦克林托克也曾经历过与竹子一样的潜伏时期。

麦克林托克的母亲是一位颇有造诣的钢琴师，同时对绘画也很有研究，正所谓望子成龙，她希望女儿能像自己一样多才多艺、气质高雅，因此在麦克林托克很小的时候就开始教她弹钢琴、画画。

可是，麦克林托克对音乐没有兴趣，也没有“天赋”，一首简单的钢琴曲教了很多遍都记不住，对于画画也是如此。有一天，母亲请来的画师终于忍不住开口了：“夫人，您的女儿并没有画画天赋，就算我们花再多精力、给她最好的画具，她也画不出美丽的画来的。”

那女儿还能干什么呢？母亲看着院子里正聚精会神地观察一朵还没有开花的小雏菊的女儿，感到非常难过。

画师继续对伤心的母亲说：“夫人，您知道吗，并不是所有的花都在春天开放，那种雏菊就是要到了秋天才开的。因为它知道，如果它在春天开放，它小小的花朵会失去人们的注意，所以它选择在很多花都不喜欢的秋天开。而现在，它只是在等待秋天的到来。”

画师的一番话让麦克林托克的母亲似有所悟：也许，女儿就是那朵静静等待着秋天到来才悠然绽放的小雏菊吧。于是，母亲后来再也没有强求女儿按照自己的要求和期望来完成她的人生。

而麦克林托克在母亲宽容的教育态度下逐渐成长，后来依从本心选择了康奈尔大学农学院，并于1923年、1927年先后拿到理学学士学位、植物学博士学位，毕业后留在康乃尔大学进行玉米遗传学的研究。

她一生未婚，对玉米学简直是情有独钟。在研究小组里，她花费了无数时间精力去研究玉米，却并没有取得多大的建树。等到终于小有成就时，却因1950年和1951年发表的两篇论文与传统的遗传学观念背离，而遭到了质疑，被视为另类和异端。此后，在相当长的一段时间里，朋友、同事大多疏远了她，她几乎是离群索居，独自坚持研究。

1983年，这个不屈不挠的女人，终于在81岁高龄时看到了科学界对她的认可，成为遗传学领域第一位单独获得诺贝尔奖的女科学家。

也许，今天的我们还没有达到理想中的高度，也许，我们会为自己的平庸感到灰心沮丧，可无论遭遇了什么，我们要相信，坏日子正是上帝赐予的考验，而所有的考验都会让我们变得更强大，永不放弃才可能峰回路转、柳暗花明。

有一个很有理想的年轻人，非常希望能做出一番成就，可多次的失败让他渐渐失去信心，不再相信自己能和他人一样成功。他找到智者，问："为什么别人的努力总是换来成功，我的努力却只得到失败呢？"

智者笑了笑，说："如果我送给你'芳香'两个字，你会想到什么？"

年轻人想了一会，说："我会想到芳香美味的糕点，虽然我之前开的糕点店现在已经关门了。"

智者点点头，又带他去找了一位动物学家问了这个问题。动物学家回答说："我首先想到的是我正在研究的课题，在自然界，有一些动物的身体会散发出各种气味，它们会用自己的芳香作为诱饵去猎食。"

接着，智者又带年轻人拜访了一位画家和一个刚从国外回来的富商。

画家说：“‘芳香’二字让我联想到百花齐放的郊外和美丽的少女。这两个字总是能带给我创作的灵感。”

而富商的回答是：“提起芳香，我会想到故乡泥土的气味，在国外时我总是对故乡魂牵梦萦。”

从富商家出来，智者问年轻人：“刚才我们见到的成功人士，他们关于‘芳香’的认识相同吗？”

年轻人摇摇头，却不太明白智者的用意。

最后，智者说：“每个人都拥有与众不同的芳香，你也一样。可为什么你现在没有做到别人那样成功呢？因为你总是关注别人是如何欣赏他们的芳香的，却忽视了你自己的芳香。”

心灵悟语

是的，每个人都有自己的芳香，如同每种花都有自己的花语。我们不必去琢磨他人的芳香是怎样的，我们只需找到自己与众不同的芳香，再在合适的时机将它散发出来。

第二章

无惧这一生，就算是一场艰辛修行

人生如逆旅，我亦是行人。茫茫人生旅途，我们总会遇到险滩，遇到风雨，当然也会遇到温暖的阳光与柔和的风。得与失之间，那种岁月的历练会在我们身上留下印迹，让我们在这条人生道路上不惧风雨，不畏险途！

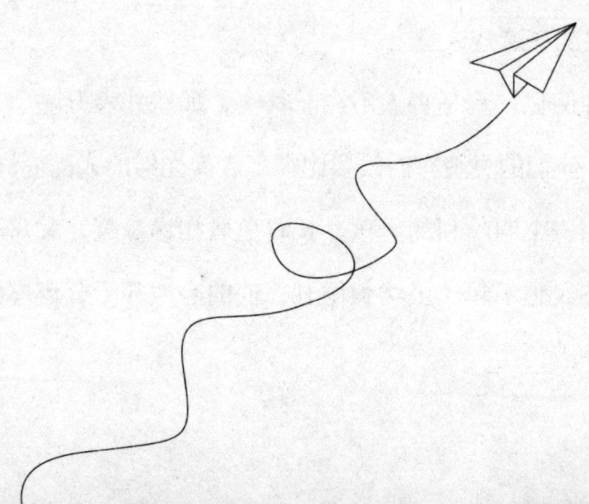

用力爱自己，直到全世界都爱上你

最深刻的爱，有时体现在“逆来顺受”。当你取笑一个人、讽刺一个人、欺负一个人时，而他却不顶嘴、不抗争，不是因为他怕你、他本性怯懦。恰恰相反，这是一个内心足够坚强、胸怀足够宽广、心地足够善良的人才能做到的。

爱美之心人皆有之，绝大多数人做不到博爱，他们往往喜欢聪明、漂亮的人，而对那些丑陋、贫穷、有缺陷的人，天生抱着一种偏见，以为他们又蠢又笨，粗俗，没有教养，甚至还把扰乱社会、骗人偷盗的坏名声也强加在这些人身上。

这种偏见，真是害人不浅。其实，那些外表丑陋、有缺陷、家里贫穷的人，他们的灵魂有时候要比很多表面光鲜的人高尚许多。

美国一个叫哈利的男孩，长着兔唇和塌鼻梁，父母又是别人家的用人，很被人瞧不起。虽然长得丑，他的心地却十分忠厚善良，而且他也十分聪明。

他的小主人尼尔与他同岁，是家里的独生子。平时在家的时候，尼尔由于太孤单，也会跟哈利一起玩耍。可一旦有了别的玩伴，尼尔就会把哈利丢在一边，不去理他。

有一次，尼尔和哈利正在院子里爬树。他们坐在高高的树枝上晃来晃去，玩得十分愉快。这时，邻居家的女主人牵着一条狗从院墙外路过。尼尔迅速掏出装在口袋里的弹弓，瞄准狗的脑袋狠狠射去。那条狗被打得疯叫起来，狂跳不止。女主人也登时吓得尖叫起来。

尼尔见到如此情形，乐开了怀，在树上拍手大笑。哈利也跟着憨笑起来。笑了一会儿，尼尔突然停了下来，因为他看见隔壁女主人正气呼呼地朝他们家大门走来，她肯定是来告状的。尼尔意识到自己闯了祸，便迅速溜下了树，朝屋子里跑去。

果然，隔壁女主人敲开了尼尔家的门，一见到尼尔的父亲就气呼呼地把刚才的事情说了一遍。

“您一定要惩罚一下那个小兔崽子！”女邻居气得一时失去了贵妇风范。

尼尔躲在爸爸的身后，他见到哈利从树边走过来，突然大声说：“哈利，你这样做太丢人了！我希望你说拿弹弓打狗这件事并不是你做的！”他尽量放大声音说话，好让别人明白这件事与他无关。

哈利知道尼尔这样做是为了什么。他走到女邻居的面前，没有辩解，而是默默地低下了脑袋：“对不起，以后再也不会这么做了。”

尼尔的爸爸当着女邻居的面，狠狠地揍了哈利一顿，女邻居才稍稍消了一点气，小声咕哝着出了门。

还有一次，哈利和尼尔正在山坡上玩耍，他们正玩得高兴呢，对面突然走来一群孩子。他们都跟尼尔一样，是有钱人家的少爷。当他们见到尼尔居然跟哈利在一起玩耍时，带头的那个讽刺道：“想不到尼尔少爷会堕落到如此地步，竟然找不到玩伴就跟一只狗腻在一起。”

听了这样的话，尼尔十分生气：“我根本没有跟他一起玩，是他非要跟出来的。”

“那你就没有一点少爷的威风吗？如果是我，就会像赶一只狗那样，把他赶得远远的。如果他实在赖着不走，我就把他当马骑。总之，与这种下等人并排站在一起简直就是耻辱！”

尼尔听了别人的挑衅，好像一下子有了为自己开脱的理由：“难道你没看见吗？他刚才就趴在地上给我当马骑呢。”为了证明给对方看，他真的让哈利趴在地上，然后骑了上去，嘴里还大声喊着：“驾！驾！”

尼尔这样对哈利，哈利从不反抗，他的性格总是这样温和。他觉得，既然自己一家人都靠尼尔的爸爸养活着，他就应当对主人一家忠心耿耿。毕竟，比起别的富人，他的主人还算仁厚，他不想因为自己的缘故连累父母。而且，他知道小主人尼尔的本性并不坏，只是他有些胆小怕事，又很要面子。对于一个本性好的人，哈利决定原谅他的所有过错。

有一次，尼尔被一群坏小子围了起来，他们正打算殴打他。这时，哈利正好拿着钱替妈妈去买菜。当他看见尼尔被困时，立即取出弹弓，在后面大叫一声："住手！谁敢动手我就打烂谁的脑袋！"

平时，这群人最看不起哈利。这个丑陋贫穷、衣衫褴褛的小子居然敢这样说话，气得他们浑身颤抖。可是，他们都看见了哈利手中的弹弓。弹弓虽小，可谁要是被打中了，一点也不比挨了枪子儿更好受。这些人谁也不想吃眼前亏，只好散开了。

哈利替尼尔解了围。惊魂未定的尼尔看都没看哈利一眼，飞快地跑回了家。一半是因为害怕，一半也是因为羞愧吧。

十几年来，哈利和尼尔就这样一同长大。哈利像对待自己的兄弟一样时时处处让着尼尔，爱护着尼尔。尼尔也知道哈利对他好，但他却不愿意承认这一点，他总觉得哈利对他忠心耿耿是应该的。他从没有把哈利当朋友看待，在他的心目中，哈利不过是一个丑陋的、愚蠢的，被所有人看不起的仆人。

后来，南北战争爆发，尼尔一家逃离了美国，哈利的父母也在乱世中逃到了北方。那时，哈利已经二十多岁了，他坚持一个人留下来，替主人看守家业。战争结束后，尼尔家的庄园侥幸躲过了炮火的狂轰滥炸，丝毫未损地保全了下来。而且，屋子里的东西也一动未动，每一件物品都放在原来的地方，没有被挪动，也没有缺失。

几年后，尼尔一家回到了原来的住所。哈利一瘸一拐地走了很远，在庄园门口迎接他们。他看到他们时，那挂着一道深深的疤痕的脸上，流露出的那种纯真、善良、诚挚的笑容，完全跟当年一模一样。

见到哈利的表情，尼尔的心情十分复杂。

在国外居住期间，他也听说了哈利为保住家业，拼死与两个土匪搏斗的事情。最终，哈利凭着自己的勇气击退了土匪，却因此瘸了腿，脸上也留下了永久的疤痕。

回想起过去那么多年，他对哈利的种种不好，以及哈利为他所做的一切，尼尔的心中真像打翻了五味瓶一样，说不出是什么感觉。

吃晚饭的时候，尼尔对哈利说："你为什么要留下来？去北方你完全可以拥有不一样的生活。"

"我习惯了这样的生活。我已经把这里当成自己的家了。"哈利的回答十分简单。

"这里根本不是你的家！你在这里不过是一个奴隶！一个没有尊严、像狗一样被人瞧不起的奴隶！"尼尔突然大声嚷起来。

"如果您愿意这样看待我，就当我是吧。"哈利沉默地低下了头。

尼尔一声不吭，沉默良久，两行眼泪像小溪一样涌了出来，滴在了盘子上。

从那时起，尼尔彻底改变了对待哈利的态度。他们成了朋友，或者说成了兄弟，平等地生活，一起经营着尼尔家的大庄园。

哈利耐心、持久又深沉的爱，终于赢得了尼尔的爱和尊重。尽管他曾经可能取笑过他，侮辱过他，伤害过他，但尼尔的本性是善良的。哈利用爱的诚意，穿透尼尔心中的坚冰，将阳光照射进了他的心底。

人们常说，爱是恒久忍耐，又有恩慈。真正心中有爱的人，可以做到凡事包容，有耐心，不计较得失，失意时不落寞，得意时不忘形。这是一种经久不息的力量，可以让人的内心平和从容，给人无畏的勇气和一往无前的决心。

心灵悟语

用一颗平等的心去爱这个世界，爱你自己，因为一个喜欢嘲讽、欺侮别人的人，终将会在高尚的灵魂前低下头。他们迟早会为自己因自负、高傲及无知而犯下的错误感到羞愧，感到脸红。

不要放手，就这么牵着向前走

爱，可以传递。一个人心中的爱，像火把一样，会点燃另一个人心中的爱。爱之花开放的地方，生命就会欣欣向荣。请接过爱的接力棒，去爱那些需要爱的人，生活就会充满光明。

我们不是没有爱的能力，但我们却常常具有爱的惰性，尽管爱并不需要你付出多少行动。有时候，一句话、一块钱、一个轻轻的拥抱，就可以带给人爱的阳光、爱的温暖。

国际上有一个资助基金会，叫“瑞恩的井”。该基金会成立于2001年，它在刚成立的一年内就为非洲的8个国家打了30口水井。可是，为什么这个基金会要叫“瑞恩的井”呢？瑞恩又是谁呢？

瑞恩不是什么大名鼎鼎的人物，也不是什么巨商富贾，他不过是一个普通的加拿大男孩。那是1998年3月的一天，一个老师在教室里给一年级学生上课。讲着讲着，她提起了非洲的孩子们，说道：“非洲的孩子们都十分可怜，他们没有玩具，而且连活着都成问题。这些孩子经常饿了没有食物，生病了买不起药，甚至连一口干净的水都喝不上。在非洲，每年都有大量的儿童因为喝不上干净的水而死去。其实，挖一口水井并不需要太多的钱，只要有人肯捐出70元钱，就可以帮他们挖一口井了。”

6岁的小瑞恩坐在下面听得聚精会神，他把老师的话牢牢记在了心里。放学后，他迫不及待地跑回家，一进家门就冲着妈妈大喊：“妈妈，给我70元钱吧，我要给非洲的孩子们挖一口水井。这样，他们就有干净的水喝了。”

妈妈没有直接答应瑞恩的请求，她跟瑞恩说：“70元钱可不是小数目，你得靠自己的努力来挣得这份钱。”瑞恩毫不犹豫就答应了。接下来的一段时间，他替妈妈打扫卫生，替爷爷捡松果，帮邻居捡树枝，还通过在学校里的优秀表现来获得父母的奖励……一转眼到了4月份，瑞恩通过各种方式，终于攒够了70元钱。

瑞恩揣着辛辛苦苦赚的70元钱，将它们全部交给了募捐机构。募捐机构的项目责任人告诉瑞恩，其实70元只能买一个水泵，挖一口井得要2000元才行。

“没关系，我再多干一些活儿就行了，我会挣够这些钱的。”小瑞恩不假思索地回答。

小瑞恩的坚持和爱心感动了周围许多人。瑞恩的妈妈有一个朋友在报社工作，他得知小瑞恩的故事后，写了一篇报道此事件的文章。不久，整个加拿大的人都知道了这件事。一周之后，一张张支票像雪片一样飞到了瑞恩家里。短短两个月的时间，瑞恩就凑齐了2000元钱。

“终于可以打一口井了！”小瑞恩高兴地跳了起来。

9月，加拿大援助乌干达的一名工程师专程回到加拿大，跟瑞恩讨论有关打井的事儿。工程师告诉瑞恩：“人工凿井十分困难，需要20个工人连续工作10天，才能挖出一口水井。可是，如果有一台钻井机，就会快得多。”

小瑞恩听了后，坚定地说：“那我来攒钱买钻井机吧。”

爱心是可以传递的，它就像阳光，可以照亮每个人心灵的角落。只要一个人心中有爱，他就会唤起许多人心中的爱。

瑞恩的一言一行，深深影响了他的同学们。一群六七岁的孩子，纷纷慷慨解囊，加入到了捐钱打井的行列中。此外，在老师的帮助下，一群孩子还跟非洲的孩子们通起了书信。

甘洌的井水从一口口水井中喷涌而出，在非洲这片干旱的土地上热烈奔腾。那一口口水井前的水泥基座上，都刻着这么几个字：“瑞恩的井——为了这个痛苦的社会。”

2000年，8岁的小瑞恩随父母一道，坐卡车一路颠簸来到了乌干达。他像一位小英雄一般，受到了当地村民的热烈欢迎。一个老人热泪盈眶地说：“你瞧，我们这儿的孩子多么健康！这完全要感谢瑞恩的帮助。对我们来讲，水，就是生命啊！”

一阵微风可以吹散遮日的乌云，一片阳光可以照亮一个黑暗的角落，一个小小的爱的举动，就可以唤起很多人的爱，带给很多人健康和快乐，甚至还能挽留住许多即将逝去的生命。

有一个女孩，正值二十五六岁的大好年华，却得了一场大病。因为这场大病，她丢了工作，相恋多年的男友也离她而去。女孩一个人躺在医院里，没有人来探望她，也没有人问候她，更没人照顾她。

女孩绝望地躺在病床上，感觉自己坠入了无底深渊，看不到一点生活的希望。于是，她产生了轻生的念头。几天以来，她一直在思考该以怎样的方式结束自己的生命。跳楼？上吊？割腕？……她都下不了决心。最后，她决定服用安眠药来结束自己的生命。

一天，女孩悄悄地离开医院，回到了自己的住处。她关好手机，把安眠药的瓶盖打开，然后端了一杯开水放在桌上。但她还是没有下定决心，她对生命多少还有些留恋。

“这世上还有在乎我的人吗？”女孩这样想，又打开了手机。她静静地坐在床边等着。十分钟、二十分钟……一个小时过去了，没有一个人给她发信息，也没有一个人给她打电话。她生病已经有半个月之久了，这期间，无论是之前的好友，还是自己的亲人，都没有一个人给她打过电话。

也许是因为他们太忙了，也许是他们根本没人想起她。

“不管什么原因，都是他们的错。如果我真这样死了，他们有谁知道我的死活呢？”一想到这个世界上没有谁真正关心她、疼爱她，女孩又垂下了眼泪。

可她还是下不了决心。于是，她开始给每一个人发短信，亲人、朋友、同事、搬家司机、快递员……短信的内容是一样的：“我想找人说说话。不过，你要是没时间就算了。”这是她最后一次叩问这个世界，叩问那些身边的人。她想知道，她在他们心中究竟有多重要。

过了半个小时，陆陆续续有人回信了。她激动地打开手机，逐条看起来：

第一条：“你是谁啊？”四个字的内容，无比简洁。这是她之前的同事，他显然已经忘记她了。

第二条：“==”两个等号的回复。这是她上学时的同窗好友，在一个外企工作，可见她很忙，忙得说一句话的时间都没有。

第三条：“亲爱的，我今天很忙，有空了我找你聊。”这句话还有一点人情味、一点温暖。可是什么时候才有空呢？“我也许等不到你有空了。”女孩在心里难过地想着。

第四条：“？”她看了后，凄苦地笑了一下。“这个时代，人们已经变得这么吝啬了吗？连一句完整的话都不会说了吗？”她怔怔地想。

过了一会儿，又来了一条短信，来自她的前男友。内容是：“我们已经结束了，以后别再找我了。”她本来不想给他发，但她没忍住。她想，毕竟相爱一场，就算他怕她的病会连累他，至少他对她也该心存一点点怜悯。如今看了这条短信，她彻底绝望了。

“无情的人！”她伏在枕头上痛哭起来。

不知不觉间，又半个小时过去了。一共有十几个人回了信息，但内容基本雷同，都说自己忙，等有空了再联系她。

忙，其实只是一个借口。一个真正关心她的人，看了她的短信，会看不出那18个字中包含的绝望和失落吗？就算他们看不到这一点，也至少应该猜出她可能出了什么事儿，或心情不好吧。她想，归根结底，还是这些人没人重视她，没人真正在乎她。

她知道，有两个人是不会给她回短信的。那就是她的父母，他们年龄大了，连看短信都不会，更不会回复。她为什么要这样做，她自己也说不清。

给大家发这样一条短信，也许只不过是她结束生命前跟所有人做的一个游戏。这对参与者来说究竟意味着什么，也许只有等游戏结束了才能知道。

现在，这个游戏已经接近尾声了。

女孩找来一张纸，用钢笔端端正正地写上了这么一段话：“为了不让那些爱我的人懊悔，我给了他们一个小时，也给了我自己一个小时。这一个小时，对我来说很漫长，我在漫长中等待一个电话，但它迟迟不来。现在，一个小时结束了，我也要走了。收到短信的人，爱我或不爱我的人，再见吧。”

泪水啪嗒啪嗒滴在遗书上。她把这张纸夹在一本书里，放在一个显眼的位置，然后将一把安眠药放在手心，端起了水杯……

就当她把药放进嘴里，准备喝水时，手机响了。

女孩含着药，闭上眼睛，泪水哗哗地流淌。手机一直响个不停，停了又响，停了又响……她含着药，拿起了手机。来电显示为“房东”。

“也许是来催房租的，凑巧。”她这样想着，就把药吐了出来。

“阿姨，我们的合约还有三个月，下一季度房租您就不必过来取了。告诉我卡号，我打您卡上吧。”

“哦……房租不着急。我是觉得你的短信有些奇怪，你没事儿吧？”

女孩在电话这头不吭声，哭了起来。她没想到，在她最绝望的时候，可以抓的最后一根救命稻草，竟然是平素几乎不打交道的房东。

房东听见女孩在哭，就关切地询问她出了什么事，又说了很多“人生要看开”“有困难总会过去”等宽慰人的话。房东的话就像一股股暖流，温暖了女孩的心。

女孩只是哭，心底的委屈和绝望，统统随着眼泪奔涌了出来。哭了半天，心里的乌云不知不觉就散开了。女孩心中有了阳光，生活也便有了希望。

最后，女孩放弃了自杀的念头，重新振作起来。几年后，她终于渡过难关，凭自己的努力开创了全新的生活。但她始终住在当年那个房东的屋子里，她说，住在那里，她就会感受到爱的温暖、爱的力量，就会有克服一切困难、重新生活的勇气。

此后，女孩对待别人的态度也改变了：只要有人向她请求帮助，她就会立刻答应，然后尽自己所能去帮助别人；只要知道谁有了困难，她也会主动去关心他、安慰他。慢慢地，她内心的那道裂痕也已愈合，反而生出一些温暖人心的力量，更让自己变得更好！

心灵悟语

生命有时候真的很脆弱，但又很顽强。只要还能给它一点点爱，它就可以复活，就能够茁壮成长。

勇敢地散播爱，才能享受爱的喜悦

雨果曾说：“人间如果没有爱，太阳都会熄灭。”送人玫瑰，手有余香。你在别人有困难时伸出援助之手，那个受了帮助的人就不会对别人的困难视若不见。说不定哪天，他就会帮到你。助人就是助己，爱人就是爱己。

爱，不需要豪言壮志，不需要山盟海誓，不需要惊天动地。有时候，那些默默无言的爱，才更伟大，才更感人。爱，也不分身份，没有高低贵贱。只要付出了爱，就会享受到爱的喜悦，得到爱的回报。

他是一个拾荒者，没有妻儿，也几乎没什么朋友。他的所有家产是一间二十来平方米的平房，一辆修了又修的老三轮车。屋子里，除了一个灶台，一张简陋的木板床，一张黑漆漆的木方桌，两把椅子，一个摇摇晃晃的矮木柜，剩下的就是一堆捡回来的“废物”了：各种饮料瓶、酒瓶、罐头瓶、发潮发霉的废纸、破铁锅、笨重的电脑显示器、各种散发着锈味儿的破铜烂铁……

很多人都对拾荒者抱有成见，以为这些人总是跟垃圾打交道，又臭又脏，跟乞丐差不多。他们忘了，人的高低贵贱，并不依靠职业来划分，也不依靠财富来划分。只要不偷也不抢，靠自己的辛苦劳动换回正当的报酬，只要胸中有一颗善良的心，不论他是谁，都值得尊敬。

他，就是一个值得别人尊敬的拾荒者。

二十几年来，他天天起早贪黑，不论晴天、雨天都坚持工作。一天下来，他的收入虽然不多，但应对日常生活还是绰绰有余的。可他的生活却过得十分朴素：好几年了，他都没有吃过一顿肉，也没有买过一件新衣服，更是没有添置过什么新的家具。每个月，他的生活费都不超过100元钱。

这么算来，那么多年过去了，他少说也该攒了十几万积蓄了。可他依然一贫如洗。仅有的一张存折上，也不过才几千块钱的存款。

也许你会奇怪：他的钱都上哪儿去了呢？

他的钱都捐了，捐给了一个个不认识的陌生人——那些生活在同一个城市却无钱上学的孩子，那些远在千里之外需要资助的贫困学子们。二十多年来，他一共资助了数十个贫困学子，圆了他们的求学梦。他只求这些孩子将来能有出息，从来不要求回报，甚至不想跟他们往来。因为怕那些孩子将来会找他，他甚至在给他们汇钱时，连自己的姓名和地址都不留下。

如今，他老了，但还在坚持拾荒。

邻居劝他说："这么一大把年纪了，你也该为自己想想了。过几年要是走不动了，谁来照顾你啊？你这一辈子都是为了别人活的，白活了，不值得。"

老人却回答："没有什么值得不值得的。只要那些孩子出息了，我就值得。"

一个炎热的夏日，老人在外拾荒时中暑了，晕倒在大街上。大街上的行人来来往往，可没有一个人去搀扶他。这时，一辆宝马车在路边停了下来，车内走出一个戴眼镜的年轻人。他三步两步走到老人身边，轻轻推了推他。

大街上的行人纷纷停下脚步，站在旁边围观，脸上露出惊讶的神色，有些人还交头接耳小声议论着。

老人动了动，微微抬了抬眼皮，但还是睁不开眼。年轻人脸上凝重的表情略微好转了一些，露出一点喜悦的神色。他不顾众人的目光，把拾荒者扶起来，将老人灰黑的胳膊搭在自己穿着雪白衬衣的肩上，将他扶进了宝马车，径直朝附近医院的方向开去。

在护士的照料下，拾荒老人感觉好多了。他醒过来，听见身边有人在说话。

"他是你亲戚吗？"一个女人的声音，好像是护士。

"不，不认识。我在路上遇见他昏倒了，就把他送了过来。"

“你还真敢！现在骗子可多了，你不怕他赖上你？你没听说过做了好事还遭人诬陷的事儿吗？”

“怎么会呢！如果大家都这么想，就没人帮他了。他倒在地上时眼睛都睁不开了……这么大年纪了，哎……其实，他没准曾经还帮过我呢。我这样做也算是报恩吧。”

女人咯咯地笑了起来：“怎么可能？你曾经昏在地上被一个拾荒者救了？”

“他对我的恩比这大多了。我小时候家里穷，上中学时受过一个人的资助。虽然生活在同一座城市，但我一直不知道那个好心人是谁。他每次给我汇钱，都不留姓名，也不留电话地址。后来听说了一些报道拾荒者救助穷学生的新闻，我想，当年帮助我的好心人，可能也是一个拾荒者吧。当然，也可能是一个在高空作业的农民工，或者一个退休的老人……我不知道该怎么报答那个好心人。不过也没关系，我多帮帮这些人，说不定哪天就碰巧报了恩呢。”

听年轻人说完，拾荒者嘴角露出了一丝欣慰的笑容。他又想起了邻居的话，心里暗暗想着：“我这辈子没有白活。”

拾荒者和宝马车主，这两个看似风马牛不相及的人，因为一颗爱心联系在了一起。不管此拾荒者是否就是彼拾荒者，此宝马车主是否就是拾荒者当年资助过的学生之一，他们就这样相遇了。这既是巧合，也不是巧合。

这不禁让人想起另一则故事。他是一个三十多岁的男人，事业成功，家庭幸福，有一个漂亮的妻子和可爱的儿子。一个阴雨绵绵的春日，他下班路过城中那条小河时，发现一群人挤在那儿吵吵嚷嚷。

他不知道发生了什么事儿，上前去探问。

一个围观者告诉他："有个孩子掉进河里被水冲走了，这里的人好像都不太会游泳，估计等救援的人赶到就来不及了。先生，你水性怎么样？现在赶紧下水还来得及。"

他挤进人群，朝远处瞅了瞅，透过水雾，果真发现十几米外的河中有个挣扎的身影。这时刚入春，河水还是冰冷刺骨的。但时间已经来不及了，救人要紧。他不假思索，迅速扔下公文包，脱下外衣就跳进了水里。

几分钟后，孩子得救了。他浑身湿漉漉地爬上岸，再定睛一看那个被救的孩子时，立马抱住他痛哭了起来。原来，这个孩子不是别人，正是他自己的儿子！他痛哭，是因为儿子劫后余生而感到激动，感到庆幸啊！

心灵悟语

当你勇敢地去散播爱，你会感受到世界的温度，你会发现这个世界上每一个人都那么伟大，包括你自己。爱是心灵的良药，不仅是为了医治别人，更是为了救赎自己。

你给爱什么养分，它就给你什么惊喜

桃花躲不过寒冬的风霜，生命逃不过意外的劫难。可面对生活的残酷，我们要坚强，要对未来充满信心。爱是可以种的，换一个环境，剪掉那些痛苦的不堪回首的往事，让它在生命中汲取新的养分，它就可以在内心茁壮成长。

世界太大，可真正爱我们的人，却只有一两个。当曾经的沧海变为桑田，当最爱你的人永远离去，还有什么能弥补心中的空缺，有什么能抚慰心灵的忧伤？

她曾经多么幸福：有爱她的父母，爱她的丈夫，爱她的孩子。她在小城拥有一套很大很大的房子，房子临河。每天早晨，窗外的鸟鸣把一家人唤醒。他们伸一伸懒腰，然后坐在明亮的落地窗边，一边欣赏远处太阳冉冉升起时的美景，一边惬意地喝一杯牛奶，吃完早餐。这家人都爱听柴可夫斯基的钢琴曲，尤爱那一支《四季》。

她常常坐在钢琴边，演奏她最爱的曲子，美妙的乐声和窗外的鸟鸣交织成一片；她的妈妈抱着她的孩子，和着琴声唱起《摇篮曲》；她的爸爸满面红光，叼着一支烟斗，静静地凝视着远方连绵的山峦；她的丈夫伏在案头写作，时不时，他会抬起头，微笑着看她一眼。

春日里，这一家最喜爱的活动，就是去桃林玩耍。林中桃花灿烂，蝴蝶扑粉。行走其间，世间一切烦恼全无。她有时候想：神仙的快乐，大概也不过如此吧。

是啊，既有稳定的生活，又有幸福的家庭，人生还需要追求什么呢?

可是，神仙的快乐可以永恒，人间的快乐却经常倏然即逝。跟这个世界比起来，人的生命和幸福毕竟太脆弱了。大地轻轻一摇晃，大楼倒塌，家园被毁，那可怜的脆弱的幸福，一去不复返。

那日她正好在外出差，躲过了此劫。但当她回到家中，看见往昔美丽的小区已然一片废墟，往昔可爱的面庞全部被埋于废墟之下时，那种悲痛和绝望岂是能用语言描述的。

她没有自杀，而是坚强地活了下来。但她的心却跟死了一样，没有一丝快乐可言。为了忘记生之痛苦，她离开了那个毁灭了她人生的城市，去了一个很远很远的地方。

她在那里找了一个普普通通的工作。为了忘记痛苦，她没日没夜拼命工作着，可每天临睡前，她却依然忍不住想起过去。她的钱包里夹着一张照片：背景是一片绚烂的桃花，她微笑着挽着丈夫的胳膊，丈夫手里抱着漂亮的女儿，女儿对着镜头做着可爱的鬼脸……

这张照片，不知道让她流了多少泪，它勾起她内心的悲伤，却也是她活下去的希望。她买了一个很大的陶土花盆，放在院子里，在里面栽了一株桃花。每天，她悉心地给桃花浇水，就如在用乳汁哺育她可爱的女儿。对她来说，能这样一直活着，一天天活在美好的记忆中，也许是个不错的选择。可是，他的出现，却打乱了她的生活。他斯文、温柔、体贴，无论是长相，还是言行举止，都像极了她的丈夫。最要命的是，他疯狂地爱上了她。

她的心乱了。因为受了太大的打击，她已经无力再爱了；可他又像一块巨大的磁石，无数次让她的心中重新燃起了爱的火花。他爱她，这很容易看出来：一下雨，他会拿着伞，在她的单位楼下等着接她，然后脱下自己的外套，披在她肩上，送她回家；大晴天，他会小心翼翼地为她撑伞，就像一个忠诚的仆人。她对他说："我不会爱你的。你别对我这么好。"

他说："没关系，我愿意。"

她说："我的爱已经死了。像一棵树，死了，就再也不会发芽了。"

他说："树死了，我们可以再种一棵啊。一切都可以重来。"

她沉默了。

回到家中，她想起他说的话，对着她栽在陶土盆里的那株桃花发呆："我为什么要种它？哪怕它能挨过北方的冬季，在春日开出了花，它也终究不是故乡的桃花，那花下的人也不会再回来了。"

转眼到了冬季，她要出差，要一个月才能回来。她没有交代他什么，自己收拾了简单的行李，就出门了。可她一直惦记着那株桃花。没有人的照料，它会不会干死？会不会冻死？她不想让他帮忙照看桃花，因为她觉得这是她自己的事儿。自从遭受那一次灾难后，她就很信天命。她想：活也好，死也罢，听天由命吧。她早就不想在生活中勉强什么了。

一个月后，她出差回来了。她拉着行李箱，行走在大雪纷飞的路上。走进院子的时候，她一下愣住了：那株桃花不见了！院子里放陶土花盆的位置插了一根干树枝，上面系着一块布。她好奇地走过去，看到看了布上写的字：我来找你，你不在，因怕桃花被冻死，故已挪至我家代为照料，如有不妥，还请息怒。

看完留言，不知怎的，她的心中升起一阵感动，突然流下泪来。如果说一切都是天意，那么这也是天意吧。她回到家，拨通了他的电话。

"哦，你回来了。看到我的留言了吗？桃花在我这里，我一会儿就给你送过去。"

"不，不用了。就放在你那儿吧，我怕我养不活它。"

"嘿嘿，好嘞。如果你想它了，欢迎随时过来探望。"话筒里传来他愉悦的声音。

到了年底，她的工作一直很忙。他知道她忙，很少打扰她，只是偶尔陪她吃顿晚饭，夜班结束后送她回家，很少有说话的机会。不知道她是对他很放心，还是依然抱着听天由命的想法，对她那一株桃花既不过问，也不去探望，好像心中早已忘了这件事儿。

总算忙过了年。她在那个城市没有什么朋友，他就是她最亲的人了。除夕那天，他请她在一个很别致的小餐馆共进晚餐，为了这天能在这里吃饭，他其实半年前就预约好了。

她不知道这些。当她下车走进餐馆时，迎面扑来的景象让她眼前一亮：这家餐馆不大，也就一百多平方米的空间。可巨大的厚玻璃窗内，却开满了一树树灿烂的桃花，仿若里面藏着一片桃林。一阵幻觉从她眼前飘过，她迅速走进这家餐厅时，几乎是怀着喜悦的心情的——她的心中，已经多年没有体会过这样的心情了。她走进餐厅，凑近那些桃花看了看，又摸了摸那粉嫩的花瓣：居然是真的！她和他在桌前坐下时，她忍不住问道："桃花不应该在春天开吗？为什么现在也会开？"

他微笑着回答："只要用心，什么都有可能。"在此后的几个月里，他还是一如既往地对她好，默默付出，耐心等待。一晃到了春季，她终于主动对他说："可以去你家看看桃花吗？"

他很快乐地答应了。

她跟他一起去了他的住所。他住在六层楼的顶楼，楼里没有电梯。她在他的客厅里见到了那株陶土花盆里生长得欣欣向荣的桃花，问他：

“它是怎么上来的？你不会是扛上来的吧？”

“是的，它总不会自己飞上来吧。”他幽默地说，“不要惊喜了。只要用心，什么事情总会有办法的。”

桃花放在最靠近暖气的地方，枝头上已经爆出了一些小小的花蕾。旁边的桌上放着剪枝剪、喷雾壶，还有几小包氮、钾等肥料。他告诉她，要让桃花茁壮成长，光有温暖是不够的，合理修剪，及时补给养分、水分也很重要。最后，他还语重心长地说了一句：“其实，我们的生活也是一样。”她明白他说的意思。

一个人就如一株桃花，纵然躲不过冬日的霜刀雪剑，但可以换一个环境，用心去生活，就可以重新找回心中的爱。只要有爱，生命就会重新变得欣欣向荣，就会在春日里绚烂开放。

她第一次冲着他笑了，依靠在他的肩膀上，流下了感动的泪水。

心灵悟语

我们总说付出总有收获，幸运女神可能常常在付出之初还未看到我们，但总有一天，我们的努力会得到她的眷顾，达成我们心中所想。

只是一个眼神，却得到整个春天

每个人都有他自身的优点，学会欣赏，你的生活就会少一些抱怨，多一些赞美；少一些沮丧，多一些满足。生活中不是缺少美，而是缺少一双发现美的眼睛，一种发现美的本领。

世界上没有人十全十美，也没有人一无是处。就像一个有蛀虫的苹果，是好是坏，取决于你怎么去看待它。

不懂得欣赏的人，会说："唉，一个烂苹果！不如把它扔了吧。"于是，连同这个苹果好的那一部分，也被他丢进了垃圾桶。这样的人，眼中没有一件理想之物，他的生活也会充满沮丧。而懂得欣赏的人，他会说："哦，原来还有一半是好的。"于是，他会津津有味地享受起那半个好苹果的美味来。这样的人，眼前到处都充满了美好的景象，他总是生活在满足和快乐中。

美国国务卿希拉里是一位十分杰出的女性，她的人格魅力和亲和力一点都不比她的丈夫克林顿逊色。当人们问起她为什么会拥有这么好的人缘时，她都会淡淡一笑，然后跟他们说起她在芝加哥西北郊的帕克里奇镇中学读书时的一件往事。

那是一个春暖花开的日子，希拉里和爸爸一起在公园里散步。这时，她看见了一个老太太紧裹着一件很厚的羊绒大衣，脖子上围着一条很厚的毛皮围巾，呆呆地站立在一棵丁香树前。她的穿着打扮显得十分不合时宜。希拉里轻轻拉了一下爸爸的胳膊，嘲笑说："你看，那边那个老太太的打扮真是太可笑了！大好的春天还穿成这样。"

爸爸朝她手指的方向看了看，脸上的表情立刻变得严肃起来。他沉默了一会儿，说："希拉里，我突然发现你缺少一种可贵的本领，那就是你不懂得欣赏别人。一个不懂得欣赏别人的人，在跟别人的交往中，就会缺少热心和友善。"

希拉里很不服气地问爸爸："难道你不觉得她穿得有些太多了吗？"

"恰恰相反，"爸爸看着希拉里一脸的疑惑，就耐心给她解释起来，"你有想过她为什么要穿那么多衣服吗？她穿着厚厚的羊绒大衣，围着毛皮围巾，很可能是因为她生病初愈，需要保暖，也可能是她怕冷，或因为别的原因。这些都不重要，只要她自己觉得舒服，旁人何必去在意呢？可是，你看她的眼神，她专注地看着树枝上的丁香花，那种眼神里流淌出的感情是多么令人感动。她是那么安详，那么愉快，对那树上的鲜花，对这个春天，对自己的生活都充满了热爱。难道，你不觉得她很美吗？”希拉里将信将疑地观察起来。她认真地看着老太太，果然发现她的微笑很动人，美得就像她面前的鲜花，带给人一种愉快的享受。

爸爸拉着希拉里一起走到老太太面前，微笑着说：“夫人，您欣赏丁香花的神情很感人。因为您，这个春天都变得更美好了。”

老太太转过身，就像突然收了一份美好的礼物一样，脸上露出激动而喜悦的神情。

“谢谢你，先生。”她说着，又看了看一旁的希拉里，从包里取出一袋甜饼递给她，“哦，真是一个漂亮的孩子……”听了老太太的赞赏，希拉里心里也十分高兴。这时，她才真正明白了爸爸说的话。原来，欣赏别人，不仅能带给别人快乐，还可以获得别人的欣赏，自己也变得开心起来。这样于人于己都有好处的事情，何乐而不为呢?

喜剧大师卓别林拥有“不列颠帝国勋章佩戴者”的头衔，还是“AFI百年百大明星”（AFI即美国电影学院）之一，在世界喜剧舞台上活跃了二十余年。他头戴圆顶硬礼帽、手持竹手杖、足蹬大皮鞋、走路像鸭子的模样，几乎成了喜剧电影的重要代表，对后世的喜剧表演者们产生了深远的影响。但他的童年生活并不幸福。卓别林的父母都是艺人，在他很小的时候父母就离异了，他和哥哥一起跟着母亲，过着十分贫困的生活，可他在耳濡目染中，从母亲那儿学习并继承了喜剧表演的技艺。

有一次，卓别林所在的学校要组织圣诞节合唱团，卓别林落选了，心中十分沮丧。可有一天，他唱的一段喜剧歌词却博得了大家的喝彩。老师跟他说：“虽然你唱得不好，但你具有幽默的表演天分。”正是这样一句轻轻的夸赞，立刻让卓别林恢复了信心。

后来，卓别林的父亲因酗酒过度去世了；他的母亲坏了嗓子，不能再登台演出，又因为无力养家糊口焦虑过度，得了精神病。可怜的卓别林只好和哥哥分头去找谋生的工作。

卓别林四处打听，总算在一家剧院找到了一份当演员的差事。卓别林在那场戏剧中扮演孩子的角色。这场戏剧演得并不成功，可小小的卓别林却受到了观众们的喜爱。从此，卓别林成了戏剧史上不容忽视的耀眼明星，全世界都看到了他不凡的成就。

心灵悟语

懂得欣赏别人，赞美别人的优点，宛若春风拂面，会带给别人温暖，也会赢得别人的好感。同时，懂得欣赏别人也是一种爱。适时的欣赏与鼓励，有时候会让一个灰心的人重新燃起追求美好生活的希望，让一个失落的人重新见到生活的阳光。

有一座桥，承载着世界的温度

恨，让人变成魔鬼；爱，让人变成天使。不要让贪婪吞噬了我们的良心，不要让冷漠麻痹了我们的灵魂。爱，不在多少，贵在及时；爱，不在大小，贵在坚持。

不要轻易言爱，那些可以说出来的爱，太浅。真正深厚的爱，是用行动做出来的，它因为坚持不懈才永恒，因为默默牺牲才感人。

有一个电视纪录片，叫《背上的桥》。它讲的是1998年发生在某个江南小村庄的真实故事。

那个江南小村庄山清水秀，风景秀丽，还有个好听的名字，叫上贝。外人来此游山玩水，兴许会觉得不错，可居住在这里的村民却生活艰苦。这是一个穷山村，连同它附近的六七个村庄，都很穷。俗话说“再穷不能穷孩子”，可这里的孩子却没有一所像样的学校。

六七个村庄的孩子，如果想上学，就只能去山里的一所破庙。那所设立在破庙里的学校被称为上贝完小，杨老师是这所小学的校长。

每天上学，学生们从家到破庙，都要经过一条涧潭河。这条河上没有桥，滩中只有几处用石块垒成的“钉步”。旱季的时候，河水干枯了，河底石头裸露，孩子们可以踩着石头过河；雨季，河水没过了石滩，孩子们就只能小心翼翼地踩在“钉步”上，涉水过河；要是遇上暴雨天，河水猛涨，孩子们就只能绕行十多里的山路，找一处水流不那么湍急的地方过河了。

杨老师的学生，大的也就十一二岁，小的才六七岁。这么小的孩子，当然不能一个人过河。为了确保每个孩子都能安全过河，每逢下雨天，杨老师就让学生们排成队，等在河岸边。然后，他把自己变成一座桥，背上背一个年龄小的孩子，手里再拉一个大一些的孩子，把他们护送到对岸。到了对岸，他会再三叮嘱过河的孩子一定要在岸上站好，然后，他又马上折回，背其他的孩子过河。

一趟一趟，只要是下雨天，杨老师就少不了在河水中来回数十次。

一晃27年过去了。跟27年前相比，山村的一切似乎都没发生多大改变。学生换了一茬又一茬，但他们还得在那所破庙里上课，那条涧潭河上仍然没有一座过河的桥。一年一年，杨老师还在背学生过河。27年来，他背着学生走了超过1.5万千米的路程，用自己的背撑起了一所风雨飘摇的山村小学，用自己的背架起了一座不倒的生命之桥。

因为长期浸泡在冷水中，杨老师的双腿渐渐落下了风湿、关节炎等腿疾。有时候，他的腿实在疼得厉害，只好让女儿搀着去学校。一步一步，短短几百米的路程，他却需要走上几十分钟。

但他无怨无悔，从不抱怨，也从没放弃过。因为，他爱他的学生，胜过爱他自己。如果不是1998年那一次意外，也许他如今还是那么默默无闻，还在那个破旧的学校里给孩子们上课，还要在下雨天一趟趟背孩子们过河。

也许，是上天不愿再让他在这世间受苦受累，于是安排了一次意外，接走了这个善良的人。

1998年6月中旬，正值暴雨季节，哗哗的暴雨下了三天三夜，可一点都没有停的意思。混浊汹涌的山洪奔流到一处，汇入河中，河水汹涌湍急，看不出深浅。

放学后，杨老师还是像往常一样，让学生们排好队，叮嘱学生们待在原地别动，自己则背起一个一个学生，朝对岸走去。可就在他背着一个女孩过河时，不幸的事情发生了：一个男孩不听他的再三叮嘱，偷偷跟在他身后过河，不慎被洪水冲走了。

杨老师听见身后有人呼救，迅速将女生背到安全的地方，纵身跃进了河水中。

来势汹涌的急浪不断打在他身上，一次次淹没他的脑袋。他却一点也不在乎，在江心与洪水搏斗，寻找着落水的学生……终于，他摸到了学生的手。这时，有几个村民赶来，站在岸上大喊："杨老师，快放人！下面危险！”可他却紧紧抓住学生的手不放，想奋力将学生拉出水面。

正在这时，又一个大浪打来。一股巨大的洪流后，江中的一切都平静下来。呼喊声消失了，挣扎的身影不见了，空留下无数个旋涡在江心不停地打转，让岸上的人眼前一阵阵发黑。

暴雨还在击打着江面，仿佛在哀号；汹涌的河水还在奔流，仿佛在叹息。学生们和村民们流着眼泪，在雨中沿河大喊。呼喊声被雨声、水流声吞没，被夜幕吞没，被悲伤吞没。

那座27年不倒的桥，在洪峰肆虐中垮下了，被洪水冲走了，从此不在了。

这是一座背上的桥，一座用生命架起来的桥，一座用爱铸成的桥。

杨老师牺牲后，他的事迹被写成了一篇报道，感动了很多人。于是，那条冲走他的河上，架起了一座桥；破庙里的学校也有了一处新的着落。此后，学生们再也不用担心上学途中会被水冲走了。

心灵悟语

为了所爱，甘愿付出生命，不仅伟大又令人可敬。我们常常抱怨人生，抱怨青春，与之相较，是否渺小得让人无地自容？

既是有缘，便不会被了断

都说“百年修得同船渡，千年修得共枕眠”。人和人的相遇，有时就是缘分。既然是缘分，就应该珍惜。因为一时自私的念头、一时的淡漠错过了身边的人，就是断缘，就是罪过。

大千世界，芸芸众生。无论你与谁相识，与谁相遇，皆是缘分。当你遇上一个人的时候，不管他是与你擦肩而过，还是走进了你的生活，他都已经成了你人生的一部分，不可抹去。

只有一个人的世界谈不上世界，至少它是不完整的，是黯淡无光的。没有人希望孤零零地过完一生。那些你遇到的形形色色的人和物，正是他们，构成了一个五彩缤纷的世界，构成了你的生命；正是他们，陪伴你走过了一程又一程。

詹姆士是一个美国人，如今他年老了，一个人住在一栋很宽敞的大别墅里，过着衣食无忧的生活。一个阳光灿烂的春日，詹姆士坐在花草缤纷的庭院里，听着耳畔的鸟鸣，心中却感到十分孤独。他想：年轻的时候我拼命追求，要的不正是这样的生活吗？可是，我拥有了财富，拥有了大房子，也拥有了事业上的成功，为什么还快乐不起来呢？当孤寂一阵阵袭上心头的时候，詹姆士突然间明白了：原来，一个人很难快乐起来，只有可以分享的快乐，才是真正的快乐。

詹姆士的儿子在国外留学，老伴也去世了，身边只有一个照顾他衣食起居的保姆。

“保姆毕竟是保姆，既不是家人，也不是朋友。我该找谁来排解这消之不去的孤寂呢？”詹姆士对着美好的春色哀叹。他一个人想了许久，突然想起了一个多年未曾联系的老朋友，于是想趁着春日出去走走，顺便去看看他。

第二天，詹姆士就动身出发了，保姆也受邀随行。一路上，有了保姆的照料，他一点也不觉得疲劳。詹姆士到了老朋友的家乡，眼前的景象焕然一新，跟二十多年前大不相同了。

怀着激动的心情，詹姆士拨通了老朋友的电话。

“喂，是约翰吗？我是詹姆士啊。你在家吗？”

“哦？詹姆士？哪个詹姆士啊？”

詹姆士激动的心情立即被扑灭了，取而代之的是一阵凄凉，犹如心中刮过了一阵寒风，同时，他也觉得一阵惭愧。约翰是詹姆士的同窗好友，年轻时两人的关系情同手足。后来，为了追求事业，詹姆士变得越来越忙，他经常出差，一心扑在工作上，老朋友的聚会邀请他辞了又辞。渐渐地，老朋友们也不再联系他了。掐指算来，到现在为止，詹姆士已有二十多年没见约翰，平时也几乎没想起给老友打个电话，此时人家把他忘了，也在情理之中。

“就是……就是……大学时你的室友詹姆士。”

“哦？是你啊。真是太阳从西边出来了。我在家呢。有什么事儿吗？”

“我可以来看看你吗？”

“来吧，什么时候过来？”

“我已经在你家门口了。”

……

约翰还是住在二十多年前那套公寓里，他热情地将詹姆士迎进门。詹姆士一进门，就发现满屋子的孩子正在里面嘻嘻哈哈地玩耍。一见到这些孩子，詹姆士的心头又热起来。

“这是什么日子啊？哪来这么多孩子？”詹姆士不解地问。

“我的孙子、孙女儿们。我不像你，到了四十才结婚。我那几个孩子也不像你儿子那么有出息。他们一个个不愿意走远，都留在了我的身边。这下好，有了这些小鬼，我就更加不得清闲了。”约翰嘴里这么说，脸上却露出得意的笑容。

詹姆士羡慕地看着眼前的景象，不禁想：我年轻时一心忙着追求事业上的成功，以为越富有就会越幸福，想不到老来享受天伦之乐，才是真正的福气啊。詹姆士在约翰家待了半个多小时就离开了。当年无所不谈的老友，如今对面而坐，竟面面相觑，相互尴尬地笑笑，不知道该说些什么。

时间如一股洪流，可以冲淡生命中的一切。往昔的友谊，早在不经意间一点一滴消失殆尽。

不咸不淡地闲聊了两句，詹姆士起身告辞，约翰也没怎么挽留，就送他走了。

第二天，詹姆士又去了另一个老朋友汤姆家。对于汤姆，詹姆士心中一直怀着十二分的愧疚。当年，汤姆的老伴生了重病，急需一大笔手术费。汤姆没什么有钱的朋友，詹姆士是其中最富有的一个。可当时，正好有一个很好的投资机会，詹姆士没有把钱借给汤姆，而是投在了股市里。尽管最后，汤姆东拼西凑借了一些钱，总算挽回了老伴的性命，可她却因为没有及时得到抢救，落下了很严重的后遗症。

事后，詹姆士一直想寻找补偿汤姆和他老伴的机会。但他总是那么忙，补偿汤姆的事情一拖再拖，最终成了一个永远无法兑现的奢望。

詹姆士不确定汤姆会不会因为当年的事情怨恨自己，他在去汤姆家之前，试探性地打了一个电话。结果，汤姆一下就听出了詹姆士的声音，十分热情地邀请了詹姆士。

詹姆士的心情总算好了一些。第二天，他高高兴兴地去了汤姆家。进门时，发现汤姆的客人不止他一个，还有许多别的人。汤姆一个人端茶倒水，在厨房里忙个不停。

詹姆士自己坐下来，朝四周瞅了瞅，问身边一个朋友："汤姆的老伴今天不在家吗？"

那位朋友说："难道你不知道？她早就去世了。唉，都怪那时候我们没钱。要不然，她的病是可以完全治好的。"

"可我听说她被救活了……"

"算是救回了半条命吧。过了两年，又旧病复发了……"

詹姆士心头怔了一下，就在汤姆的老伴去世那一年，他正好从投资到股市的资金里获得了一大笔钱。那一年，他正在和新婚不久的妻子环游世界呢。

老汤姆把煮好的咖啡放在詹姆士跟前，眼睛周围泛起了红圈。他显然听到了他们的对话，想起了伤心的往事。老汤姆背过身，擦去了眼泪，叹口气说："还好，她走后这许多年，老朋友们都一直在关照我，经常来看我，我也不孤单了。"

虽然汤姆热情接待了詹姆士，可他依然觉得心里难过。回家的路上，詹姆士心想：汤姆说的"老朋友"，显然不包括我在内吧？如今，我的老伴也去世了，为什么就没有一个老朋友来看我呢？詹姆士想来想去，还是觉得错不在别人，而在自己。是自己当时没有好好珍惜跟老朋友之间的友谊，是自己让老朋友伤心失望了。渐渐地，他又想起了自己的妻子。

“如果我能帮她分担一点家务，能够帮她照看一下孩子，她生病的时候能多关心她、照顾她，估计她也不会走得这么早吧？”

什么样的人会出现在你的生命中，这是缘，是命中注定的；可你和他有没有分，又是怎样的分，却都掌握在你自己手中。如果你珍惜身边的人，他们就会留在你的身边；如果你不珍惜，他们就会一个一个离你远去。

詹姆士明白这个道理后，决定改变自己的生活。

他开始每周跟国外的儿子通电话，去看望那些长久没有联系的老朋友，对待保姆也像家人一样，同时善待身边每一个人，哪怕是公园里遇见的陌生人。几年过去了，儿子回到了詹姆士身边；保姆家的孩子也经常来看望他；他的那栋大房子里，也有了欢声笑语。

心灵悟语

不要因为自私、冷漠，隔断了你与身边人的缘分。因为只有活生生的人，你的亲人、朋友，而不是财富，可以分享你的快乐，分享你的人生。

把芬芳给别人，像花儿一样

人的价值，不在于取得了多少，而在于奉献了多少。不要担心你的付出和爱心别人看不见，其实，每个人都有一个感受爱的灵魂。你的付出，哪怕是很小的付出，也会带给他们幸福。

一朵花因为它的美丽、它的芬芳而受到人们的喜爱；一个人也是一样。冷漠的人就像寒冰，拒人于千里之外；热心的人如冬日里的一盆炭火，温暖着人们的心，吸引人不断靠近他。

卡汶是个热心肠的美国女孩，善良、温柔。她的内心就像一个小小的太阳，总有无穷无尽的光和热。卡汶的工作是一名幼儿园教师，她十分喜爱这份工作。幼儿园的孩子们，在别人看来都是调皮捣蛋的小坏蛋，不过，卡汶却十分喜欢他们。她觉得，跟孩子们在一起有着无穷的乐趣。

一次，琳达把吉姆新买的一盒油画棒折断了，气得吉姆哇哇大哭。

卡汶听见了吉姆的哭声，就过去问他："男子汉为什么要掉眼泪？看来是受了大委屈吧？告诉卡汶，好吗？"

"琳达把我的油画棒折断了！"吉姆一边哭一边说。

"嘿，琳达，你为什么要把吉姆的油画棒折断呢？"她用很和蔼的口气问琳达。

"因为吉姆不借给我用！"琳达稚嫩的声音听起来却振振有词。

"好吧，吉姆，你为什么不把油画棒借给琳达使用呢？"她又用很温和的语气问吉姆。

"我就是不想让她用！我讨厌她！"小吉姆还在为刚才的事情生气。

卡汶不再追问孩子们。她拿起两截被折断的油画棒，拿在手里说："好啦，吉姆和琳达，你们就像这根油画棒一样，现在被折断了。不过，我们也许可以想个办法把它接上。"

吉姆虽然不明白卡汶为什么说自己和琳达像油画棒，不过他很乐意他的油画棒能重新接上。

"哦，真的吗？那太好了！卡汶，请问你有什么好办法吗？"吉姆迫不及待地问。

"也许，琳达会有好办法。琳达既然有办法把它弄断，当然也有办法把它接上，不是吗，琳达？"

琳达原本并不想帮吉姆的忙。不过，她可不愿意承认自己是个大笨蛋，她想了想说："在中间抹上胶水吧。"

“这样不牢固，还有更好的办法吗？”

琳达又想了想说：“或者用透明胶缠上。”

“这样不美观，还有更好的办法吗？”

……

卡汶不停地往下问，幼儿园里的其他孩子都对“怎么把折断的油画棒重新粘起来，既要牢固又要美观”的问题产生了兴趣。围绕这个话题，孩子们你一言我一语讨论开了，讨论得十分激烈。琳达和吉姆也很快忘记了刚才小小的不愉快，重新变成一对好朋友了。

“谢谢你，琳达，为恢复我的油画棒想了这么多办法。”

“嘻嘻，以后你有什么困难，我都会帮你想办法的。”

“哦，琳达，你真好。这支油画棒就送给你吧……”

还有一次，杰克趁安妮睡午觉时，在她的眼睛周围用墨水笔画了一副黑眼镜，惹得所有孩子都大笑不停。他已经不止一次这样恶作剧了，每次都把女孩子们惹哭。熟睡中被吵醒的安妮惊惶地看着那些对着她大笑的小伙伴们，还不知道出了什么事儿。卡汶没有立即走过去告诉安妮有人欺负了她，也没有忙着替她擦掉那副画上去的眼镜，而是拿红笔在自己脸上也画了一副眼镜。孩子们笑得更厉害了，安妮也大笑起来。卡汶站在孩子们中间问：“安妮的眼镜漂亮还是卡汶的漂亮？”

孩子们有的说安妮的漂亮，有的说卡汶的漂亮。安妮赶紧拿过镜子一瞧，发现自己脸上果然有一副黑眼镜，咯咯咯笑了起来。其他孩子觉得这样很好玩，也纷纷学卡汶，给自己或给对方画上一副副色彩缤纷、形状各异、不同款式的眼镜，三角形的、四方形的、带各式花边的……整个教室成了眼镜博物馆。

其他班的老师纷纷问卡汶：“为什么你们班的孩子那么聪明、那么可爱呢？他们似乎总是那么快乐，那么有爱心。你是怎么做到的呢？”卡汶笑笑说：“因为我爱他们，我觉得他们都很聪明、可爱，也很善良、很有爱心。所以，他们就变得越来越聪明，越来越有爱心了。”

其实，每个人的内心都不坏，他们之所以会做出一些坏事，一些不讨人喜欢的事，有时是受到了情绪的影响，如害羞、害怕、激动、愤怒、兴奋等，有时是因为一时糊涂，有时是因为好奇，有时是不知道还有什么别的更好的办法来达到目的，不得已才那么做……在这种情况下，一个大人和一个孩子的行为和心理往往会很相似，他们做错了事情，也许不会承认，但都希望能得到别人的体谅和宽恕。

谴责和惩罚只会引来反抗的情绪。去爱他们，相信他们，就可以抚平他们的情绪，唤醒他们心中的爱。卡汶就是这样，唤醒了每个孩子心中的爱。他们因为爱，变得更聪明、更可爱了。

卡汶不仅对孩子们充满了爱心，对她身边的每一个人都一样。她的爱，从来都是那么温和，就像一阵和风，轻轻抚过，不留痕迹，又充满了烂漫可爱。

卡汶的妹妹凯蒂快要结婚了，卡汶悄悄找到凯蒂的男友鲍勃，把自己辛辛苦苦攒了好几年的积蓄交给他："你娶了凯蒂，也算是我的家人了。我爱我的妹妹，希望她以后能过得幸福，也希望她结婚时不留下任何遗憾。不要告诉她这笔钱是我给的，告诉她这是你偷偷积攒下来的。她是单纯、善良的女孩，她会很开心的。"

原来，鲍勃是个穷小子，他很爱凯蒂，可是连一枚好戒指、一身好礼服都买不起，更没有钱度蜜月。卡汶知道，凯蒂一点也不在乎鲍勃是否富有，但她从小就有一个梦想，就是想成为一个美丽的新娘，然后去西西里岛度蜜月。但凯蒂很爱鲍勃，不想让他为难，于是，她才装作对婚礼一点也不在乎的样子。卡汶不想让凯蒂失望。当她知道鲍勃和凯蒂打算找一个小教堂，平平淡淡地结婚时，立刻找到了鲍勃，把自己全部的积蓄都交给了他。

卡汶对朋友、邻里也都十分热心。无论跟谁见面，她都会微笑着跟大家打招呼。"嘿！早安，这真是美好的一天。"这是卡汶常说的一句话。平时，只要她知道哪个朋友、哪个邻居有了困难，不用说，就会主动去帮助他们。就连路上遇见的陌生人，她也会向他们伸出援助之手。

一次，卡汶在街上遇到了一个衣衫褴褛的老乞丐，头发乱蓬蓬的，脸上被火辣辣的太阳晒得直淌汗。乞丐的面前放着一个灰黑色的包，里面仅有几美分的钱。路人匆匆而过，极少有人驻足施舍。卡汶很同情这位乞丐，很想帮助他。她站在一旁思考了一会儿，突然灵机一动想出了一个办法。她给乞丐买了一顶有宽大帽檐的花帽子和一副墨镜，说服他戴上。然后在乞丐面前竖了一块牌子，上书："有心就会爱，没钱也风流。"

没想到这句话起到了极好的效果。路人纷纷被这句话吸引，围在乞丐身边看了很久，然后几乎无一例外地都往乞丐面前的黑包里丢了钱，一美元的、十美元的钞票一下子就装了半包。

卡汶并没有做过什么惊天动地的大事，但她就像一朵不吝芬芳的花朵，经过哪里，就会在哪里留下爱的足迹、爱的芳香。因为这个原因，卡汶在她生活的小镇有着极好的人缘。孩子、老人、邻居、路人，遇见过卡汶的人，几乎没有一个人不夸她。人们都喜欢她，都爱她，她是所有人的朋友。

卡汶的一个邻居说："卡汶就像一个太阳，她常常给人很温暖的感觉。她对生活充满了乐观，对身边的人都充满了爱。她爱我们，我们也爱她。因为她，我们的生活都变得很快乐，很美好。我们爱卡汶。"

心灵悟语

生活是面镜子，你看到的其实是你自己的样子。如果我们想让自己的生活充满阳光，那么就必须先去做那个太阳。当我们将温暖洒向四周时，幸福的光芒才会折射回来。

第三章

唯有心清，方能发现一个新的自己

如今我们生活在一个躁动的时代，海量的讯息、无尽的诱惑随时会将人淹没，而经常忘记了自己内心的声音。大千世界，我们要学会与自己相处，从容冷静地面对世间荣辱，唯有心清，内心最真实的声音才会浮现出来，才能与全新的自己相遇。

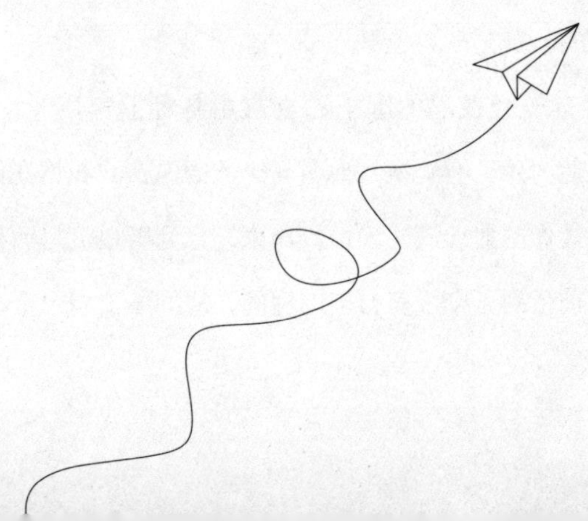

发现新的自己，成为最好的自己

“不积跬步，无以至千里；不积小流，无以成江海。”成功并不难，只要我们不懈努力，让今天的自己比昨天更优秀，那么日复一日，年复一年，我们还会不成功吗？

在心中点亮一盏灯，让灯光指引你走向幸福。我们都有过这样的经验，原本屋里漆黑一片，令人心生恐惧，但当我们把灯打开，就会长舒一口气，进而自嘲：黑暗有什么好怕的。是的，当你把一切看得清楚明了时恐惧就会自然消失，但是万一缺少了赶走黑暗的这盏灯，你该如何驱散心中的恐惧呢？

古时有一个残忍的国王，喜欢用各种匪夷所思的方式置人于死地，并以此为乐。有一次，他对一个死囚说：“我将在你的手上割开一个小口，让你的血一滴一滴地流出来，直到鲜血流尽而死。”第二天，这个死囚被带到一个没有窗户的房间，房间墙上有一个小洞，仅容他把手伸过去。

士兵把他的手塞入小洞，然后进入隔壁房间，在他的手上割了一个小小的伤口。

一阵钻心的疼痛之后，死囚就听到隔壁房间响起“滴答滴答”的声音，虽然那个洞非常小，死囚什么也看不见，但他能确定那是他的鲜血滴落到桶里的声音。

随着鲜血流出时的“滴答”声，死囚的脸色越来越苍白、身体越来越虚弱。后来，他的意识也越来越模糊，终于一命呜呼。

第二天，士兵把他的手从墙壁上抽出来，并拿走了隔壁房间的水桶和水瓶。原来，他手上的小伤口早就不流血了，“滴答”的声音来自士兵放在桶上的一个水瓶。

未知的恐惧就如无边的黑暗，很容易把脆弱的人吞没。

有两个人结伴穿越沙漠。走到中途水喝完了，由于缺水，其中一个中暑了，虚弱得难以行走。同伴把唯一一支枪递给中暑者并再三叮嘱：“我现在出发去找水，枪里有六颗子弹，每隔两小时你就对空中鸣放一枪，我找到水后会循着枪声来和你会合。”说完，同伴满怀信心地找水去了。中暑者躺在沙漠中开始胡思乱想：同伴能找到水吗？能听到枪声吗？他找到水后还会回来吗？会不会丢下自己这个“累赘”独自离去？

夜色降临了，荒凉的沙漠静得可怕。现在枪里只剩下一颗子弹，而同伴找水还没有回来。中暑者确信同伴早已独自离去，而自己只能等待死亡。他的头脑中不时浮现出自己惨死的景象：秃鹰飞来，狠狠地啄瞎他的眼睛，啄食他的身体……终于，中暑者彻底崩溃了，把最后一颗子弹送进了自己的脑袋。枪声响过不久，同伴提着满壶清水赶来，看到了中暑者温热的尸体。

很多时候，打败我们的不是别人，而是自己。就像这位中暑者，他不是被沙漠的恶劣气候所吞没，而是被自己狭隘的心理所击毁。自私、狭隘、怀疑、恐惧都是心中的黑暗，这些黑暗让我们不相信别人，也不相信自己，让我们虚弱，让我们丑陋，让我们永远追不上成功的脚步。要驱除这些黑暗其实很简单，我们只需在心中点亮一盏灯，这盏灯在照亮心灵的同时，也照亮了前方的路。

只要心中有灯，眼前就不会有黑暗；只要心中有灯，柳暗也能变为花明；只要心中有灯，阳光总会透过云层普照大地；只要心中有灯，困境注定会成为你的俘虏。

古人说“数子千过不如夸子一长”，不论是生活中还是职场中，人们都要学会捕捉自己的闪光点，要牢固树立“强而弗抑”的思想意识。人的一生中有很多缺陷是无法弥补和改变的，所以我们要善于扬长避短，不要总是习惯性地把别人的思维模式和行为模式往自己身上套，找到适合自己的位置和方式，把自己的潜力和特色发挥出来，才能使自己从众人中脱颖而出。

大学毕业之后，小王忙着四处找工作。从一开始的经理助理，到最后的办公室职员，他对工作的要求一再降低。可是每次投了简历都杳无音讯，对此他一直非常苦闷。以前在同学中间，他是学习尖子；在老师眼里，他是品学兼优的好学生。但是毕业了却突然发现自己并不是香饽饽，社会的不认可让小王备受打击。小王就这样飘飘荡荡混了一两个月，在万般无奈的情况下，他给自己的导师写了一封信，希望导师能够给他一些建议。很快导师就给小王回信了，导师在信中说道："人才是企业的命脉，而且现在很多企业都要求有工作经验，你在求职中能够摆正心态、放低要求，这是值得赞赏的。可是你同时也忽略了最重要的一点，那就是你是一名技能型人才，而你却去和别人竞争那些非技能型岗位，拿自己的短处去和别人的长处比，又怎么可能成功呢？你真正应该学会的是扬长避短，只有这样你才能够在竞争激烈的职场中脱颖而出。"看完导师的信，小王明白了自己的问题症结，于是他改变了自己的求职意向，上网给一家电气自动化公司投去了简历，很快就通过了公司的面试，走上了工作岗位。

如果我们忽略自己的长处，一味地对自己的不足和短处耿耿于怀，最终的结果只会事与愿违。就像让NBA巨星姚明参加跳水比赛，让善于跨栏的刘翔去举重，这样的场面只会让人忍俊不禁。

兔子最擅长奔跑，是历届动物运动会的短跑冠军。可有一次，兔子差点被狼逮住，幸亏它及时跳进了河里，但由于不会游泳，它又差点被淹死。为了避免此类事件再次发生，兔子决定和小狗、乌龟还有松鼠一起练习游泳。小狗和乌龟很快就学会了游泳，可是兔子和松鼠学了很长时间都没有学会，它们为此很苦恼。青蛙看到了，对兔子说："既然你擅长奔跑，为什么非要去学游泳呢？只要你继续练习奔跑，总有一天会让狼无法追上。"兔子听后茅塞顿开，放弃了游泳，专注于练习奔跑，所以越跑越快。

心灵悟语

生活中有很多人就像兔子一样，明明知道自己最擅长的是奔跑，可偏要去练习游泳，结果只能是无功而返。不要盲目追赶社会潮流，也不要一味羡慕别人的光芒，我们需要做的是静下心来，发现自己的优势和长处，认清自己的劣势和短处，据此确定自己的位置和努力的方向，全力去追求自己的成功。

一念美意，福田自然无量

如果我们心存善意，在做事情的时候能够往善的方向去考虑，内心首先感到的是愉悦；相反，如果我们心存恶念，做事有邪恶的倾向，那内心必然会受到煎熬，而且很难真正忘记这种煎熬。

不知道从什么时候起，纳尔奇克小镇的枣椰巷口来了一个年轻的修鞋人，他每天早晨很早就来这里摆摊，到日落才收摊回去。这个男人的眼神孤独而阴郁。

一天早晨，天空飘着雪花，鞋匠准时把摊摆了起来。没过多久，从巷子里出来一个女人，脱下右脚的鞋子请鞋匠帮她钉一下鞋跟。这个女人叫莉娜，她手上提着一个大包裹，像是要出远门的样子。

鞋匠很快完成了工作，正当莉娜掏出钱包要付钱时，一个抢劫的人突然出现，抢过莉娜的包裹准备开溜。鞋匠反应很快，飞起一脚，包裹从劫匪的手中脱落了。

莉娜万般感激，连连道谢之后，拦了一辆的士准备出发。这时候，鞋匠居然也上了的士，而且说出的目的地和莉娜一样。

从纳尔奇克到他们的目的地，途中要翻越一道山岭。因为岭中时常有狼出没，所以当地人又将此地称为“野狼岭”。车行到岭前，风越刮越凶，雪也越下越大，司机不想再往前走了，无奈地踩了刹车。莉娜看起来有急事的样子，不愿返回，准备下车步行前往。可是刚一开车门，就被冷风呛得直咳嗽。她低着头艰难挪步，谁知道鞋匠跟了上来，抢过她的包裹抬腿就走。

莉娜追上了他，很感激地问鞋匠：“真是非常感谢，您到那个地方去有什么事情吗？”

鞋匠没回答，过了几秒，突然哈哈大笑起来，然后手臂一扬，就把莉娜的包裹扔到了山谷里。

莉娜吓坏了，吞吞吐吐地问：“你，你想干什么？”

鞋匠阴沉沉地回答：“莉娜，你不认识我，但是我认识你。告诉你吧，我是达雅的丈夫，就是被你丈夫用刀刺穿腹部导致孩子没了的那个达雅的丈夫。你相信吗？这个世界是会有报应的，你丈夫杀死了我的孩子，我现在就要代表老天来给你们行报应了。”

莉娜这才恍然大悟。去年的时候，她的丈夫因为故意伤人被判刑了，她今天就是要去探监的。这个鞋匠一定是蓄谋已久，在巷子口摆上了鞋摊，今天算准了她要去探监，就跟了过来，打算在野狼岭动手将她杀害，这岭上的野狼还能帮助他毁尸灭迹呢。

“没错，我丈夫虽然有罪，但这件事情并不能全怪他。”莉娜徒劳地解释着。事实也是如此，莉娜的丈夫发现了作为财务的同事达雅在做假账、吃公款，暗暗地提醒了达雅一次。谁知道达雅并没有珍惜这个改过自新的机会，她假意请莉娜的丈夫吃饭道歉，却在酒里做了手脚。当莉娜的丈夫醒过来的时候，发现自己正赤身裸体地和达雅躺在床上，达雅威胁他说，如果不入伙，就告其非礼，他愤怒之下拿起水果刀刺向了达雅……

可是，鞋匠哪里还会管这些事实呢？在他的眼睛里，莉娜的丈夫害死了自己未出世的孩子，是自己的大仇人，莉娜当然也是自己的仇人，一定要除之而后快。

他面露凶光，步步紧逼，扑倒了已经退到悬崖边的莉娜。突然，挣扎着的莉娜停止了动作，惊恐地望着前方，有两只狼出现在了鞋匠身后，并且张口欲咬鞋匠。

情急之下，莉娜紧紧抱住鞋匠的脖子，和他一起滚下了山崖。

当鞋匠醒过来的时候，发现自己躺在医院里。护士告诉他：“你能醒过来多亏了和你在一起的那个女人啊，她真是上帝派来的天使。她真勇敢，一只手握住刀恐吓着随时可能扑过来的恶狼，一只手奋力地拖住你往公路上爬。幸好有车经过把你们俩救了过来，当时，你们的后面跟了一群恶狼。”

“那个女人扭伤了脚，但是她没有留院治疗，只是敷了点药，然后给你交足了治疗费就走了。哦，还给你留了封信。”护士边说边把信递给了鞋匠。信的内容很短：“我丈夫虽然犯了罪，但他已经受到了法律的制裁，希望你能够放下内心的仇恨，为了爱去更好地生活……”

几天后，枣椰巷口的鞋摊不见了，但在巷子里的某户人家门口，多出了一个有些磨损的包裹。

莉娜的善良拯救了自己，也救赎了鞋匠的灵魂。其实，每一件事情都有两面，积极的和消极的、善意的和恶意的。不管从哪个方向去想，事情都是摆在面前的，不管从哪个方向去做，事情都是需要解决的，因此我们完全可以更善良一些地去想去做。善良，其实是一种生活的智慧。

有位失业者对激励大师安东尼说：“老师，我失恋又失业了。我从来没遇见过像我这样的倒霉蛋，我是个被生活抛弃的人。老师，像我这样的人还有救吗？”安东尼回答说：“如果你不信任生活，那么生活就会背叛你，你也不会从生活里占到任何便宜。”说完，安东尼转身离开了。他相信一个不信任生活的人，神也帮助不了他。没想到五年后，这位失业者以成功者的身份走进安东尼的工作室，感谢他激励自己信任生活。

美国《金钱》杂志曾经给予过一个人这样的评价：“过去25年间最能改变人们生活方式的八大人物之一。”他的名字叫作迪伊·霍克，现如今的身份是VISA的创始人以及荣誉首席执行官。

可迪伊·霍克的前半生并不是含着金汤匙度过的，甚至可以说是苦不堪言。1924年，迪伊出生在美国的犹他州，自小他就是一个不按常理出牌的孩子。他对于学校里面刻板的知识教育以及教会的严厉管束十分不满，一心想要过自由的生活。

14岁的时候，他突然觉得该结束自己的学习生活了，于是他毅然退学，准备去工作，但是年龄却未达到标准。小迪伊找到了捷径，他伪造了洗礼证书，声称自己已经16岁了，坦然地走进了社会。

第一份工作是在一个罐头厂倒污水，随后又去了乳牛场当伙计，接下来，他当过搬运工、屠宰场的工人、农药喷洒工等，几乎干遍了所有的体力活。家里人都觉得这个孩子太叛逆，很难成才了，因此也没有对他再抱多大希望。

时光如梭，一转眼，迪伊已经到了27岁，终于有了一份正式的工作，一家消费金融公司聘用了他，这就意味着打杂的日子是过去了。照理说，迪伊应该珍惜这个机会，本本分分地好好上班了，谁知道他依然有着一颗不安分的心。

迪伊很快和公司里的年轻人打成了一片，并且把他的奇思妙想传递给了大家。很多人都热血沸腾地甩开膀子跟着迪伊一起颠覆传统地干了起来，公司的业绩也因此大幅度上升。可惜，保守的老板觉得这样做太冒险，最终还是炒掉了迪伊。

失业的压力、周围人怪异的眼光，这些都让迪伊不想再这么下去了。他流浪到了西雅图市，再次过起了窘迫的生活。

一个偶然的机会，他进入了一家金融集团，负责消费者的借贷业务。迪伊很珍惜这份工作，但随着对业务的逐渐熟稔，他骨子里不安分的因素再度跳了出来，他觉得需要改革和创新，才能让公司稳立于世。可惜，还是没有一个领导信任他，迪伊再次失业。

转眼，他已经36岁了，而且有了三个孩子，即使他有再大的梦想，也首先应该做一个合格的父亲。无奈之下，迪伊只得进了美国国家商业银行，从最底层的实习生做起，工作几乎是在打杂。快40岁的人了，还总是被各个部门使唤来使唤去，忙得脚不点地。

1967年，迪伊43岁了，他终于等来了生命中的转机。他所供职的银行开始了信用卡的开发业务，作为一名老职工，他为自己申请了一个协助工作的机会，这个时候，他颠覆传统的思想终于遇到了伯乐。

带着三十多年来独特的创新组织理念，迪伊踏上了理想之船，出发了。经过两年多的探索，迪伊成功地发展出了一套“价值交换”的全球系统，创建了一个名叫“VISA国际”的组织。

耗尽大半生的光阴，迪伊终于为自己的人生画上了那绚烂的一笔。

心灵悟语

生活可能会辜负我们，可能会欺骗我们，可能会将我们捧到最高点，也可能让我们瞬间跌到最低处。但那就是生活啊，只要能抱着一颗永远信任生活的心，转角之处就一定能够出现惊喜。

只要有快乐的勇气，伤害怕什么

世上没有真正不快乐的人，只有不肯快乐的心。快乐是一种发自内心的主动的力量，因此，我们完全可以主导自己，让自己快乐或者不快乐。如果我们能保持一颗随时准备快乐的心，那么哪怕挫折和伤害出现在面前，也一样无畏无惧。

1820年，丹麦物理学家奥斯特发现了电流可以使磁针偏转。自此之后，关于电和磁的实验真正登上了历史舞台，英、法等国的科学家开始投入大量的时间重复奥斯特的实验，试图从这个奇妙且惊人的现象当中发现新的奥秘。

当时，威廉·沃拉斯顿和戴维都是物理学界举足轻重的人物，在得到奥斯特的结果之后，他们两个人一直在合作研究，但也没有什么新进展。

当时，法拉第刚刚30岁，这个年龄的他在皇家学院里还属于毛头小子，无足轻重，甚至没有独立操作实验的资格。不过法拉第天生好学，早对电学抱有极大的兴趣了，他对于奥斯特的发现也有跃跃欲试的冲动。可是他年轻，没有资历，想要凭着一点兴趣闯入元老级人物沃拉斯顿和戴维的研究领域，无疑是很困难的。

但法拉第无畏无惧。他用了三个月时间来研究、思考，并不断进行实验，最后终于发现了通电导线产生旋转磁场的事实，并因此发明了第一台电动机。

试验成功之后，法拉第的朋友建议他尽早将成果公之于众。他同意了，并全权委托朋友来操办此事，因为他要补偿爱妻一个浪漫的蜜月。

甜蜜归来之后，等待法拉第的不是属于发明家和成功者的鲜花及荣誉，而是学术界对其品德的质疑，因为外界在传的流言是：法拉第窃取了老师沃拉斯顿的研究成果。

当时，因为法拉第还没有独立操作实验的资格，只得求助于两位老师，老师将自己的实验室借给法拉第，为他提供了方便，当然也看到了法拉第的实验结果。

面对这件事，沃拉斯顿早已坦白，自己的研究方向和法拉第不同。而到了法拉第最尊敬的老师戴维身上，法拉第得到的却是沉默。他最尊敬的老师，在他的委屈和百口莫辩前，给予的是沉默。

法拉第有些难过，戴维的沉默不但意味着他不想替法拉第辩白做证，更意味着他就是那个散播谣言的人。而这一沉默，也让法拉第失去了加入英国皇家协会的机会。戴维深深地伤害了法拉第。

前途一片渺茫的法拉第并没有因此放弃，他知道，自己追求的只是内心喜欢的东西，只是在知识的海洋中不断前行的快乐，而非一时的荣耀和赞誉，历史终将还他一个清白。退一万步讲，就算最终没有得到这个清白又怎样？他拥有着天才般的头脑，有着能在物理学界披荆斩棘探索未知的能力，有着永不放弃学习的心，这些难道还不够吗？

法拉第的豁达让戴维汗颜，戴维最终也没有逃出那场恶意陷害在自己心中设下的囚牢。仅仅是因为自己的学生比自己更有能力，做到了自己一直想做到而未做到的事情，他就要这样去伤害对方吗？戴维临死前说的最后一句话是："我这辈子最大的成就，就是发现了法拉第这样的好学生。"

也许戴维在闭上眼睛的那一刻才终于释然。

幸运的人是法拉第而非戴维，尽管法拉第曾经受到那么大的打击和伤害。不敢想，如果当时法拉第的反应是愤怒，然后不顾一切地想要去澄清，那么在这个澄清自己的过程中，他可能会变得绝望，也可能会变得丑恶，起了报复的心。不过，我们可以肯定的是，他必然把有限的生命浪费在了这件事情上，那么以后，我们的物理学界也就失去了一位天才。

当然，法拉第所做的是忘记这段伤害，他继续着自己平凡但又伟大的一生，他快乐地进行新的实验研究。终于，他的努力得到了英国皇家协会的再度认可，曾经的谣言不攻自破，法拉第正式加入了皇家协会。

他快乐地做着自己的实验，快乐地给学生们去讲学，快乐地捐赠，快乐地拒绝很多商业性工作。那些曾经的伤害早就成了过眼云烟，法拉第很清楚自己要什么，因此他用自己的努力和人格魅力成就了自己的人生。

伤害对每个人来说都无异于一杯苦酒，它会让我们变得愤怒，变得失去理智，变得哀怨甚至绝望。但同时，伤害也可能成为我们积极向上的动力。

心灵悟语

人生不可能一帆风顺，必然会面临一些不可预知的逆境，当伤害来临，与其怨天尤人，不如给自己一点快乐的能量，尽快地好起来，才能继续往前走。

温柔地战胜这个世界

这个世界有很多坚硬的东西，譬如说钻石。但这个世界却缺少坚强的东西，即便是钻石也不是无坚不摧。

坚强与坚硬有很大的区别，小草的身姿那么柔软，却可以在野火焚烧之后，依旧坚强地存活下来。它所拥有的柔软是那么坚强，温柔之中显露出生命不可低估的力量。

对于人来说，什么样的力量才算是坚强？也许就是温柔。一颗温柔的心，可以抵挡住最无情的岁月，也可以抵御得了最疯狂的暴风雨，护佑着我们走向人生的彼岸。

有一对老夫妻，生活并不富裕，但他们互敬互爱，过得非常快乐。老太太总是温柔地对老头子说话，而老头子呢，也同样深情地回应。很多时候，他们看上去就像初恋情人一样，从未被时光磨去激情。他们养了一匹马，这匹马就像他们夫妻一样性格温驯，还懂得自己去草地上吃草。

这一天恰逢赶集，老头子想去逛逛，老太太一边亲手为他穿上外套，戴上围巾，一边问道："亲爱的，会给我带点什么回来呢？"

老头子想了想说："这个我还没想到，但我得先带点什么去呀。"

"那不如就带上我们的老马吧，说不定你能换点什么东西回来呢。"老太太建议。

于是老头子就乐呵呵地牵着马，朝集市方向出发了。走到半路，他看到一个人牵着一头母牛迎面走了过来。"嘿，母牛，"老头子暗自寻思，"也许这就是我那老太婆想要的。"于是他拦住了来人，商量一番，用老马换了对方手上的牛。"谁说天下没有心想事成的事情呢。"老头子高兴地自己嘟囔着，不过他还是想到集市上看看。老头牵着牛继续往前走，迎面又遇到了一位牧羊人。"哎哟，这雪白的羊毛可真不错呢，老太婆一定会更喜欢这个。"于是老头子又用手上的牛换了对方的羊。他牵着羊继续往前走，终于来到了集市上。

这集市可真热闹呀，老头子左顾右盼之际，突然撞到了什么东西，低头一看，是一只大白鹅。"瞧瞧，这可是美味呀，不用养太长时间就能吃啦。老太婆肯定喜欢鹅的味道。"

于是他用手上的羊换走了这只鹅。抱着这只大白鹅，老头子心满意足地往家走，想快点给老太婆看看。走到半路，老头子感觉口渴了，于是他走进了路边的一家小酒馆，想要喝一杯再回家。刚进酒馆的门，就见到旁边放着一大筐苹果。苹果的主人坐在旁边，看到老头子的目光停留在苹果上，马上说道："您眼光可真好呢，我的苹果可是这镇上最好的了，又大又甜。"

老头子高兴地说道："哈哈，我真是撞到什么好运气了，我家老太婆可是最喜欢苹果了呀，我拿这只鹅跟你交换吧。"

那些苹果虽然又大又甜，但已经开始腐烂了，很快就会全部坏掉。老头子似乎没有注意到这一点。他在酒馆里边喝酒，边高兴地向周围人夸耀他今天碰到的所有好运气。人们听着都忍不住地嘲笑他："这真是天底下第一大的大傻瓜了，不知道他为什么还能这么高兴地夸耀呢。"

于是有人说："我不相信你今天回去，你的老太婆也能和你一样，感谢一路的好运气。"

老头子回答道："我那老太婆肯定会夸奖我的，你要是不信的话，可以跟我一起回去看看。"

旁人当然不信了，于是和老头子打了个赌，如果老头子回去没有挨老婆批的话，就输给老头子像苹果那么多的金币。大家满怀好奇地跟着老头子，看他背着那一箩筐烂苹果回家了。老太太早已站在门口翘首等着丈夫回家。

老头子高兴地对老太婆说："亲爱的，我用咱家的马给你换了一头母牛呢。"

"啊，亲爱的，你可真是聪明呀，那么我们家以后就会有牛奶、奶酪和黄油了。我真高兴。"老太婆温柔地回答道。

“然后，我又用那头母牛换了一只雪白的羊羔。”

“哦，亲爱的，只有你能想到那么好的主意，那我就再也不用为那羊毛披肩和袜子发愁了。我爱你。”老太婆高兴地回答道。

“可是我又把羊羔换成了一只大白鹅。”

“是吗，那我得感谢上帝了，我现在似乎都闻见烧鹅的美味了。”

“然后我又用大白鹅换了一筐烂苹果。”

老太太哈哈大笑起来，走过去给了老头子一个吻，说道：“真幸福，今晚有苹果派可以吃了。亲爱的，你这件事情可是做得太好了。今天我去问邻居家借米，可是邻居说，他们家连个烂苹果都没有了，现在我可以先借给他们几个烂苹果了。哦，我真的好爱你。”

老头子也笑了，开心地说：“当然，现在我还得用这筐烂苹果，给你换很多的金币呢。”

所有人看到这个故事，可能都会嘲笑这老头子的傻气，还有老太太更浓烈的傻。可是又有多少人能体会到故事后面的深意呢？

心灵悟语

安徒生曾经说过：“如果一个太太愿意温柔地相信自己丈夫是最聪明的人，并且始终相信丈夫做的事情是对的话，她一定会得到永远想不到的好处。”正如那个老太太如此温柔地称赞自己的丈夫一样，这就是一种力量，一种让生活保鲜的力量。

每一天，都是一次挑战

人类是一个乐于挑战自身极限的种族，各种体育运动会的召开，无数的运动员都在尝试着各种挑战，甚至在没有对手的情况下，他们也向自己无止境地挑战。这样的行为，在我们的字典里被定义为勇敢。

可是勇敢究竟是一种什么样的精神呢?

根据字典里的解释，敢于做别人不敢去做的事情，可称之为勇敢。这是一种精神，或者是一种气质。

敢为天下先，敢为人先，需要很大的勇气，也需要很持久的耐力。

有“印度的比尔·盖茨”之称的普雷吉姆一手开创了著名的维普罗软件公司，他曾多次被评为印度首富，公司也成了印度三大软件公司之首。如果一定要问普雷吉姆是个什么样的人，首先可以这样说，他是个勇敢的人。

普雷吉姆出生于印度班加罗尔附近的一个小镇，由于家境贫寒，他还没念到初中就辍学回家务农了。

普雷吉姆家一共有三亩多地，和这里绝大多数村民一样，他家在这不大的土地上全部种满了橡胶树，可惜橡胶的产量有限，每年辛苦下来只能勉强填饱肚子，连点节余都没有。普雷吉姆心中充满了苦闷，他不想永远过这种贫穷的日子。每当割胶的时候，他都觉得那橡胶树流下的是他心中的眼泪。

在他生长的小镇上有一道很特殊的风景，那就是这里的土壤是呈红褐色的，这算是一种很罕见的自然奇观了，可惜当地的村民却非常讨厌这红土地，因为这糟糕的土壤是造成橡胶减产的原因。

普雷吉姆却对这红土地产生了兴趣，他去了当地唯一的一家图书馆查阅资料，得知这种红土里面可能含有丰富的氧化铜。他的头脑里立刻有了一个大胆的想法。

他雇了一辆汽车，运了一整车红土到几百千米之外的一个铜矿。经过检测之后发现，这种红土里的确富含氧化铜。这时铜矿方提出以较高的价格来收购这些红土，要与普雷吉姆签订长期的合同。

普雷吉姆内心一合计，扣除路费、租车费，他一趟净赚96卢比，这比种橡胶树要划算多了。于是在村民们费解、怀疑甚至嘲笑的眼光下，他砍光了自家地里所有的橡胶树，开始变卖这些令大家讨厌的看似一文不值的红土。

当村民们慢慢领悟到普雷吉姆这么做背后隐藏的价值时，都开始纷纷效仿，砍树、卖土，红土的销售竞争就变得激烈起来了。

不过这个时候，普雷吉姆已经靠卖红土攒下了一些钱，他改行了，在镇上开起了一家铜矿，而且比远处的铜矿开出了更高的收购价。既不用花运费，又能卖更高的价格，村民们当然不会往远处跑，纷纷把红土卖给普雷吉姆的铜矿。很快，他就成了镇上最富有的人。

可是好景不长，随着电视上的宣传报道越来越多，更多有实力的铜矿进驻小镇，同行间开始了恶性竞争，红土的价格被哄抬得虚高，利润变得很薄了。

一天，普雷吉姆看电视的时候无意听到一句话，卡邦科技部前部长表示，在过去的四年当中，平均一个星期就会有一个公司在班加罗尔注册成立，这在印度是独一无二的。敏锐的普雷吉姆又从这句话中嗅到了商机，于是他果断地卖掉了自己的铜矿。

这又是一个勇敢且惊人的举动，没有人知道他下一步打算干什么。那些靠着红土发财的村民们依然会不识趣地取笑他的行为，而普雷吉姆已经开始用卖铜矿的钱收购村民们手里的土地。

这些土地在大家变卖红土开始后，已经处于了过度开发的状态，遍布深坑，满目疮痍，无法再种任何植物了，可以说在村民的眼里已经成了无用的废品，现在还有人花大价钱来买，当然赶紧出手比较好。没多长时间，普雷吉姆就回收了镇上将近90%的土地。他给出了承诺，为村民们免费建设一个封闭型的小区，并且接纳他们的子女在自己新创立的公司工作。

普雷吉姆做的这些，都是在为两年后的计划作铺垫。因为他根据无意中听到的那句话做出了判断，在靠近班加罗尔的这个小镇上投资地产一定会获得意想不到的收益。

果然，他的勇敢再次证明生活会对他展开微笑。由于扩建工业园区的需要，当地政府开始大量征地，范围迅速从城市扩展到了这些邻近的小镇上，普雷吉姆当初收购的土地实现了增值，他以高出当年购买时600倍的价钱卖掉了手里的土地，然后用这一大笔资金，创建了自己的软件公司。

25年，他从一个整天围着橡胶树转的小伙子变成了一个开创世界知名IT（信息技术）品牌的跨国公司总裁。要问他成功的秘诀是什么，除了有独到的眼光之外，更重要的是，他比其他人都要勇敢。

心灵悟语

勇敢，也许不需要瞬间有着杀伐决断的勇气和力量，但我们可以从一小步开始，从今天开始，每天给自己勇敢的力量，哪怕只是战胜一次内心恐惧，或者勇敢地戒一天烟。

不抛弃梦想也是一种勇敢

“每个女人都认识Jimmy Choo。”

Jimmy Choo既是一个人名，也是一个以这个人的英文名命名的品牌。他是著名的鞋子设计师，中文名字叫周仰杰。他是戴安娜王妃的御用鞋匠，每年都为很多知名人士量脚定做绑带高跟鞋。他有着源源不断的灵感和足够让女性信任的道德魅力。周仰杰是一个普通的人，而Jimmy Choo却是一个非凡的品牌。

周仰杰祖籍广东，出生在马来西亚的槟城。小时候，他家里很穷，父亲是当地的鞋匠，工作非常辛苦，母亲经常要帮着父亲去做鞋，才能维持一家人的温饱。那个时候，鞋匠是最让人看不起的职业之一，当地的姑娘要是嫁给了一个鞋匠，是会被人笑话的。

但没有人能够选择自己的出身，周仰杰也不能。父母不管身份多卑微，还是努力地抚养着他。耳濡目染之下，周仰杰对做鞋似乎也有着极大的兴趣，当别的小孩子都四处撒野淘气的时候，他早早蹲在了父亲身边，静默地看父亲做鞋，并且试着自己动手。

11岁那年，他有了自己的第一件作品——一双简单的拖鞋。那是他专门为母亲生日而准备的。年纪小小的他已经懂得了“百善孝为先”的道理。

读到了小学六年级，家里实在是无力交付他的学费了，周仰杰不得不停止了学业，回家跟随父亲做鞋赚钱糊口。父亲把自己的手艺毫无保留地传给了周仰杰。在学习和实践的过程中，周仰杰从父亲身上看到了制鞋人真正的品德：他们不应该是为了完成一个任务而去做鞋，真正做鞋要秉持一颗认真的心，这种认真包括要保证鞋子的舒适程度，设计上要简单，要让人穿在脚上的第一秒就感觉到这是属于自己的东西。这样，才是一个合格的制鞋人，也才对得起经过自己手的每一双鞋子。

周仰杰将这些收获铭刻在心，却不甘于这样的生活，他想到外面的世界去闯一闯，最终选择了英国，他去了设在伦敦的英国艺术大学康德威那斯学院。之所以选择这个国家，是因为马来西亚曾经是英国的殖民地，也许到了英国，那个国家会更容易接受他；再一个原因，彼时的伦敦是时尚之都，而在康德威那斯学院教制鞋的老师都是世界知名人士，在那里学习是再合适不过的了。

周仰杰凭着自己设计的作品通过了学校的面试，并且在父亲和朋友的帮助下，开始了新的学习生涯。但家里无法为他负担高昂的学费，他只得半工半读来努力完成学业。但这并没有影响到他的学习热情，最终，周仰杰以优秀学生的身份顺利毕业，进入一家鞋厂开始了正式的职业生涯。

在这里，鞋匠不再是那么受人鄙视的职业，但周仰杰心中清楚，他想做的事情不仅仅是每天刻板地做鞋。鞋子只是简单的物品，但他想要给鞋赋予灵魂。他希望从自己手中设计出来的鞋子能成为足尖流动的精灵，让人穿上它的时候就产生由衷的愉悦感。

可是在最初的七年，他一直默默无闻，没有多少订单，生活也相对窘迫。后来有一次，他参加了一个鞋子设计比赛，作品被当时的戴安娜王妃看上了，戴安娜主动走进了他的店要求定制鞋子。因为戴安娜王妃的光临，周仰杰似乎一夜成名了。

但随后生活带给他的并非一帆风顺。很多知名的杂志以及一些社交界、娱乐界的名人找上门来，要他设计鞋子，并且免费为他打广告。纷至沓来的辉煌背后藏着苦涩，周仰杰不用给这些代言人或者代言杂志付广告费，对方当然也不会给周仰杰付任何的设计费用，当时很多杂志上都有他设计的鞋子的照片，但他却没有收到一份付钱的订单。有名了，但仍旧是穷光蛋一个，周仰杰有时候也会笑自己这奇特的境遇。但笑归笑，他一直记得自己从父亲身上学到的品德——一个普通制鞋人的品德，那就是做出符合人们脚形的舒适的鞋子。

终于，周仰杰声名远播，有了很多很多的订单。但他依然严格地要求自己，亲自设计每一款鞋子，而且亲自制作。尽管他的高级手工定制高跟鞋卖到30万英镑一双的价钱，然而，还是有那么多的女人找到他，希望定制一双Jimmy Choo的绑带高跟鞋，因为它是独一无二的，在全世界都不会“撞衫”。

在周仰杰心里，自己并没有因为成名就成了多么了不起的人，他认为自己依然是一个鞋匠，普通的鞋匠，在做着一个鞋匠该做的事情，那就是制作出简单舒适的鞋子来。这是他的座右铭，也是他一生不会抛弃的道德品质。

心灵悟语

在哲学家老子的眼中，道生成万事万物，而德养育万事万物。道、德之所以被尊崇，就是因为道生长万物而不加干涉，德养育万物而不加主宰，顺其自然。

勇敢地爱自己，才能爱生活

要想不留遗憾地生活，就必须聆听自己内心的声音，去做自己想做的事情，这是一种人生态度。

美国幽默作家霍尔莫斯出席一个会议，因为他是与会者中身材最矮小的人，便有人问他："霍尔莫斯先生，你是否有鸡立鹤群的感觉？"霍尔莫斯立刻反驳说："那倒没有，不过我认为我像是一堆便士里的铸币（铸币面值大于便士，但是体积小）。"

弗蒂亚·卡菲尔是德国著名模特，她的个子不是最高的，三围也不是最傲人的，容貌也不出众，可是在台上就有着他人难以企及的魅力，总能将身上的衣服最完美地诠释，一直都是知名品牌的御用模特。但是在少女时期，刚刚参加模特训练的弗蒂亚却是个青涩的小丫头，体形微胖，满脸的雀斑，走T台时也完全没有现在的非凡风采。

弗蒂亚出生在乡下，偶然的一次机会，在城里做模特教练的姨妈因为一个模特临时出了状况，让在她家里度暑假的弗蒂亚顶替，由此发现了外甥女的潜质，让她加入了自己的模特培训班。

可是弗蒂亚的潜质似乎就发挥了那么一次，尚未发育好的身材、训练时的笨拙，使她成了班里最差的学生。

那时的弗蒂亚还未脱去乡下女孩的质朴，班里其他学员都随意指使这个年纪最小的女孩。虽然训练很辛苦，但是弗蒂亚还是撑着疲惫的身子帮他们跑腿，买这买那，有些人甚至过分得连钱都不付。当时班里有个男模叫艾登，他长得很英俊，又油嘴滑舌，很快就博得了大多数女孩的好感，其中也包括弗蒂亚。傻傻的弗蒂亚就这样掉进这个浪子所编织的情网里，不仅心甘情愿地为他做任何事，而且还帮助他追求其他的女孩子。

艾登总说这是弗蒂亚的荣幸，因为像她这么普通的女孩子居然能和自己谈恋爱，简直是上辈子修来的福气。弗蒂亚虽然心里很失落，但是爱情的盲目让她默默承受。

艾登花销很大，总是让弗蒂亚给他钱。弗蒂亚的家境也不是很好，家里每月汇给她的生活费仅够她维持生活，但是弗蒂亚还是省吃俭用，满足艾登的要求，一心希望艾登有一天能够感动。

可是没等到那天，弗蒂亚先把自己的身体熬垮了，一次彩排中晕倒，被送到医院后被确诊为营养不良。弗蒂亚的姨妈很快就弄明白了事情的来龙去脉，拿来了弗蒂亚最喜爱的小盆栽。

弗蒂亚一醒来，就看到姨妈拿着铲子要铲掉自己的盆栽，连忙抢过来护住，问："姨妈，你为什么要这么做呢？"

"这个盆栽自己都不上进，你看每天都有人给它浇水、松土，却还长得歪歪扭扭的，留着有什么用，还不如早点铲了。"

弗蒂亚明白了姨妈指的是什么，没敢再说话。姨妈见她这个样子，又训她说："你这个傻姑娘，爱上别人之前，请先爱上自己。你不是女佣，不能让人招之即来，挥之即去。你也不是玩偶，感情不是这样让人糟蹋的。"

"可是姨妈，艾登对我也很好，你看我这么平凡，艾登能喜欢我简直像是做梦一样。"弗蒂亚不甘心地辩解。

姨妈叹口气，让她走下病床，来到镜子前，说："先把艾登喜不喜欢你抛在一边，仔细看看你自己，怎么能一点自信都没有呢，孩子？做我们模特这行，容貌是次要的，关键是要有自信，而你最欠缺的就是这点。"

弗蒂亚有所领悟，回到训练班后，艾登又和另一个女孩好上了，不过这对于弗蒂亚来说已经不重要了，因为她已经看清了他的为人。她现在要做的就是好好地爱自己，充实自己，让自己成为一个优秀的模特。

她每天都刻苦练习台步，努力地提升着自己，并且对着镜子说："弗蒂亚·卡菲尔，你是最美的女人，你一定要加油！"几年后，弗蒂亚成功地脱颖而出，成了出色的模特，能够成功地诠释出每件衣服的美丽。评论界都在说："这个女人的美丽来源于她的自信。"

爱上别人之前，请先爱上自己。因为我们都是自己的主人，有自己的追求、希望以及悲伤和恐惧，所有的成功失败都是由我们自己所创造，之后的果实是甘是苦也由我们自己品尝，我们能够最深刻地了解自己，接纳自己的一切，进而将最好的一面呈现出来。虽然有些人还在迷茫，没有发现自己的优秀，就像故事中的弗蒂亚·卡菲尔一样，但是只要多多关爱自己，支持自己，必然能更好地挖掘自身的潜力。

心灵悟语

每一个人都是被蚌含住的沙，暂时没人知道我们是明珠没关系，但是我们自己要知道，永远不要只满足当一粒沙，一定要珍爱自己，努力将自己提升为一颗明珠。记住，一个连自己都不爱的人，那么对别人付出的爱也是卑微的，得不到回报的。

第四章

谁的青春不迷茫，是坚持让我们成长

有人说：“谁人无青春，谁人不迷茫。”既然青春不能永在，我们能做的，就是坚持脚下的路，一步一个脚印地踩在大地上，眼神坚定，步履轻盈。

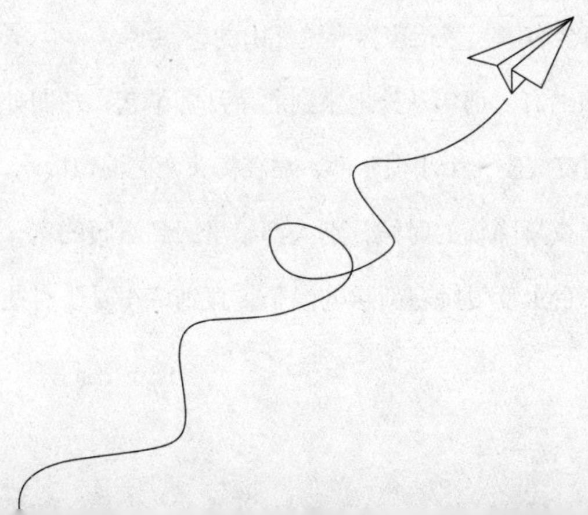

当别人都放弃时，再坚持一秒

丘吉尔曾说："成功根本没有秘诀，如果有的话，就只有两个——第一个是坚持到底，永不放弃；第二个就是当你想放弃的时候，请回过头来再照着第一个秘诀去做。"我们每个人都可能有对前途遭遇迷茫、看不到坚持下去的意义的时候，不要急于放弃，可能成功就在转角处等着你。

德云社二十周年庆典，明星云集，郭德纲笑容满面，然而，若不是他当初在别人都放弃时，多坚持了一秒，那么，也许就不会再有德云社，也不会有撑起了相声界半壁江山的郭德纲。

郭德纲21岁那年从外地来到北京拜师学艺，却四处碰壁。不久，他和几个朋友成立一个小俱乐部，靠在街头卖艺混口饭吃。

每当夜幕降临的时候，别人都早早回到温暖的家，而他仍旧站在空荡荡的舞台上反复练习新学的段子，直到练得嗓子有些嘶哑，舌头不住地打战才停下来。朋友们看不下去了，私下劝他，不就是为了混口饭吃嘛，至于这么拼命吗？差不多就得了，可郭德纲却一再地坚持。

整整一年，他都没好好睡上一觉。功夫不负有心人，他终于能将六百多个传统段子收放自如地表演出来，在业内也算是小有名气。

可命运似乎总爱和努力的人开玩笑，失败一次次降临，成功成了遥不可及的目标。郭德纲最终穷得没了饭辙，每天怎么能吃饱成了一个大问题。

那时候他住的地方离表演的场地非常远，自行车又坏在了半路，口袋里没有一分钱的他，找了个出租车，问师傅："我可不可以把手表押给你，你送我回去？"司机摇了摇头走了，郭德纲为了回家，竟然走到了天亮。头晕目眩的他一头栽倒在床上，发起了高烧，怕自己死在出租屋里，他勉强支撑起身体，翻箱倒柜地找出一个破传呼机，拿到街上卖了十多块钱，买了两个馒头和几包感冒药，硬是挺了过去。

下午，当面色蜡黄的他赶到演出地点的时候，把于谦吓了一跳，连忙问他出了什么事。他笑着说了昨晚的遭遇。看着他憔悴的面庞，于谦的眼泪在眼眶里直打转。

郭德纲的妻子到北京来看他，看到他的窘境潸然泪下，央求他回天津吧，有自己，他饿不死的，可郭德纲摇着头拒绝了，他总说一句话："我再坚持坚持，万一我成功了呢。"

一无所有的他硬是靠着这股倔劲在竞争激烈的北京站稳了脚跟。

几年之后，在一次比赛里，他的自信从容、诙谐幽默引起了著名相声演员侯耀文的注意，侯耀文通过别人婉转地表达了自己想收他为徒的意思。听到这个消息的时候，他让搭档于谦打自己两下。于谦扇了他两耳光，他的眼泪忽地落了下来，两个大男人紧紧抱在一起，孩子一样放声大哭起来。

现在的郭德纲已经红透了大江南北。有记者把他当年的这些故事挖掘出来，问他为什么能坚持到现在。他微笑着回答:“我这人从小就不服输，当别人都撤了，不说相声的时候，我偏要比别人多坚持一会，真没想到，就坚持的这一会让我有了今天。”

很多的时候，成功都是在最后一刻才蹒跚到来。只要肯坚持，一定会看到曙光。如果说，郭德纲的成功凭借的是坚持和才气，那么，杨长林的成功则简直是顶着霹雳行走，他的坚持可谓是血泪交织，不过，好在他成功了。

杨长林1950年出生于重庆市。由于自幼家境贫困，一岁多的杨长林就背井离乡，由他10岁的二哥用箩筐挑着，送到渝北区龙兴场农村寄养，少小离家，无依无靠，孤独辛酸的童年，让他至今想起还会落泪如雨。

长大后不甘于贫穷的青年杨长林开始做起了小生意。木材、榨菜、柑橘都做，也勉强可以养家糊口。

当时，社会上的人们在穿着上从过去千篇一律的蓝、灰色中解放出来，开始追求衣着的亮丽。杨长林抓住这个机遇，做百货、服装生意，几年时间他就赚了数百万元。

20世纪90年代中期，杨长林便开始到国内外知名旅游胜地游览。在世界有名的温泉度假胜地——日本北海道，杨长林被那里温泉的优雅环境和高水平的服务深深感染。杨长林欣赏着周围的花草假山，感叹地说："要是把这个温泉搬回重庆，该多好啊！"说干就干是杨长林一贯的性格。

半年后，他到铜梁收购了一个温泉——古西温泉。没想到，花了上千万投资后，才发现附近有一家污染严重的造纸厂。第一次受挫，并没有动摇杨长林搞温泉的信心。很快，他又雇了一家地质勘探公司，在重庆一处地方挖起了温泉。井打了几千米却没出水——杨长林这次花了400多万元，明白了一个"行业常识"：打温泉井是要讲点运气的，这个不行，那就再开挖一个吧。杨长林马上了又掏了400万元，再找了一处地方打井。哪知道，最后仍然没"挖"出温泉。搞温泉一上来就连遭三次失败，让一些员工和朋友对杨长林的举动有了"看法"。而此时，他的家人都被他疯狂找温泉的举动弄得几近崩溃，劝他放弃，可杨长林却坚持说："哪怕就是借钱，我也要把温泉找出来。"

1个月后，杨长林开始第四次打温泉井。温泉井打了三个多月，投资巨大，仍未发现明显的水热反应。每天七八万元的打井成本，让干活的都不忍心了，他们央求杨长林："老板，咱们放弃吧？"杨长林心情沉重地说："再挖一天，就一天。"结果，又坚持了五天，五天后，地下还是没动静，而杨长林手中已经没有了现金用来继续找温泉，他哀求师傅们："再挖十分钟，就十分钟，我不会欠你们的钱，求求你们，再坚持一下。"大家感念杨长林的好，谁也没好意思说什么，只能继续坚持下去。

在钻机设备到达3060米"极限钻深"的最后关头，一股浓烈的硫黄气味弥漫而出，这是一股温度高达57℃的温泉从钻井中喷涌而出，工地沸腾了，杨长林如释重负地说了一句："我终于赢了！"杨长林终于"赌"赢了！抢占市场先机很难一帆风顺，不过杨长林那不服输的性格最终铸就了他的成功。

心灵悟语

我们每个人脚下的路都是我们自己选择的，不管这条路是好走还是难走，只要我们在别人都放弃的时候，肯再坚持一秒，那么，我们就会赢得属于自己的成功。

人生的态度决定人生的高度

克莱门·斯通说过：成功与失败其实只差一点点，就如同人与人之间的差别也只是一点点，但这小小的差别却有极大的不同。这小小的差别就是我们的态度。消极的态度会毁掉人生，相反积极的态度才会助力成功。所以，我们人生的态度决定着我们人生的高度。

那是1882年的一个冬天，一名女婴因发高烧差点丧命。她虽幸免于难，但发烧给她留下了严重的后遗症，从此，她的世界再也没有了色彩，也没有声音。就这么一个在19个月时就既盲又聋的孩子，后来却成长为享誉世界的作家和演说家，她就是——海伦·凯勒。

小小年纪的她没有了视力和声音，整个人仿佛置身在黑暗的牢笼中无法摆脱。万幸的是小海伦有着坚毅的性格，她很乐观，而且不轻易服输。不久，她就开始利用其他的感官来探查这个世界了。

她像个小尾巴似地跟着母亲，拉着母亲的衣角，形影不离。她虽然看不见，可她会用手去触摸，去嗅各种她碰到的物品。她模仿别人的动作且很快就能自己做一些事情，例如挤牛奶或揉面。她甚至学会靠摸别人的脸或衣服来识别对方。她还能靠闻不同的植物和触摸地面来辨别自己在花园的位置。渐渐地，她开始掌握了最基本的生存技能，而且运用得宜。

在她七岁的时候，她发明了很多种不同的手势，以此和家里人交流。比如她想洗脸，就会像是小花猫一样，用手在脸上轻抚。想要吃饭的时候，她会发出咀嚼的声音。小海伦的这些古怪动作，常常逗得家人开怀大笑，没有人觉得这个残疾的孩子是家里的负担，人人都觉得反而倒是她给家里带来了无穷的欢乐。

小海伦有着聪明孩子共有的特征，那就是敏感。通过自己的努力她对这个陌生且迷惑的世界有了一些新的认知。可她仍旧不满足，觉得自己可以做得更好。

随着年龄的增长小海伦变得狂野不驯。倘若她得不到想要的东西就会努力让自己得到，无论付出怎样的代价。家人都劝说她："你是个不健全的孩子，如果你恳求别人，一定会得到帮助，不用这么费力气，让自己遭受如此多痛苦。"可小海伦倔强地表示："我不要依赖别人活着，我想，我能做到常人做到的一切，我相信我行。"

家里给小海伦雇了一名家庭教师，叫作安尼·沙利文。安尼悉心地教授海伦，特别是她感兴趣的东西。这样海伦很快学会了用盲文朗读和写作。靠用手指接触说话人的嘴唇去感受运动和震动，她又学会了触唇意识。这种方法被称作泰德马，是一种很少有人掌握的技能。她也学会了讲话，这对失聪的人来说是个巨大的成就。

就这样，小海伦以优异的成绩从拉德克利夫学院毕业。上大学时她就写出了第一本小说《我的生命》。并且用这笔稿酬为自己购买了一套住房。

工作后的她开始周游全国，不断地举行讲座。她的事迹为许多人著书立说而且还上演了关于她的生平的戏剧和电影。最终她声名显赫迈入了人生成功的顶端，应邀出国并受到外国大学和国王授予的荣誉。

劳埃尔·皮科克说过：成功人士的首要标志，是他对待问题的方法。一个人如果拥有积极的态度，那他就成功了一半。心理学上也充分说明，乐观的人生态度表现为自信乐观、表达自如和耐受挫折等特质。拥有向上的心态能够积极地看待挫折、辩证地对待得失。那么，他的人生高度自然也就会上升到一个需要仰视的境界。

“唐宋八大家”之一的苏东坡曾被林语堂称为“不可救药的乐天派”，而今，我们仍可以以他为鉴，学习如何培自己的人生态度，以此来决定人生的高度。

众所周知，苏东坡的仕途之路异常坎坷，在他42年的官宦生涯中，三分之一的时间在“下放”中度过。可以称得上是起起伏伏，坎坎坷坷，用现在的词汇形容，其实苏东坡的成功之路是悲摧的，不幸的。

一般人遭受到苏东坡的那些待遇估计早就一蹶不振，而他并没有自暴自弃、放浪不羁，而是将这些动荡转化成了文学创作的动力。也许，在他的内心深处，早已把这些不快当作是体验生活了，也因此他才会写下了《念奴娇·赤壁怀古》等流传千古的词作。

苏东坡在流放生活中，当时的条件不可谓不艰苦，可他反而苦中作乐，事必躬亲，进而发展出耕地、烹调的爱好。

苏东坡最后一次流放到儋州时，已62岁高龄。据史书上记载，苏东坡当时是让人抬着棺材去的，怕自己在当地待得太久，不能活着回来。在当时那个社会，人能活到50岁已经属于高寿，苏东坡一生颠沛流离，还能有着如此高寿，不得不说是他乐观而积极的生活态度造就了其顽强的生命力，促使他在恶劣的环境中挺了过来。

苏东坡在流放之余，最为人津津乐道的是他独创了几道佳肴，可喜的是，这些菜与他的诗词一样，流传至今，长盛不衰。其实，东坡肉更是杭州传统风味菜肴中的一朵奇葩，以色泽红艳，汁浓味醇，肉酥烂而不碎，味香酥而不腻为特点，让人浅尝一口，即刻唇齿留香。

说起“东坡肉”，还得说说苏东坡被贬黄州的经历。当时黄州的友人怕他内心难过，都经常结伴过来看他，既然是被贬，自然也不会有什么好的待遇，苏东坡本身也不富裕，于是，为了省却厨师的费用，他常常亲自烧菜与友人“品味”。

宋神宗驾崩后，苏东坡重新被起用调到杭州做官时，西湖已被葑草淹没了大半。他发动数万民工除葑田、疏湖港，把挖起来的泥堆筑了长堤，后来被称为苏公堤。老百姓为了赞颂苏东坡的功德，到了春节时就给苏东坡送猪肉，以表示自己的心意。结果可好，苏东坡家的猪肉成灾，看着这么多肉，一贯节俭的他坐不住了，就叫家人把肉切成方块，用自家的烹调方法烧制，连酒一起按照民工花名册送给每家每户。但家人烧制时，把“连酒一起送”领会成“连酒一起烧”，然而烧制出来的红烧肉，更加香酥味美，香飘十里，食者盛赞，此后被人们命名为“东坡肉”。

人生本就起起伏伏，从来没有人会一帆风顺，可什么样的心态，注定我们会达到什么样的高度，苏东坡能在古稀之年，烹肉，吟诗，其实左右他不曾倒下的就是他乐观而豁达的心态，如果说，给苏东坡的一生做个注脚，那么，他是成功的，他在诗词上的成就，已经达到了让后人望尘莫及的高度，可如果，他要不是有昂扬向上的姿态，那么谁又会在千年以后，知道他曾经来过这个世界。

心灵悟语

作为现代的我们，不要动辄就纠结、感叹，只要我们调整好自己的态度，那么，我们距离成功也许就是一步之遥。

什么样的工作能成为事业

如果说，我们努力工作是为了薪水，努力升迁是为了得到社会的认可，那么，努力去成就一番事业，则是为了最高心理需要的满足。

其实，无论什么样的工作，都可以成为事业，只要我们能坚持不懈地努力奋斗，便一定能有所成就。

陆羽是唐代著名的茶学家，撰写了世界上第一部茶叶著作《茶经》，对世界茶叶的发展做出了巨大贡献，他在对事业的选择和坚持上就表现出了自己的主见。

陆羽原本是一个弃婴，于公元733年深秋的一个早晨，被竟陵龙盖寺的智积禅师抱回寺中收养。

从小在寺庙中长大，又受当时的著名高僧智积禅师影响，陆羽继承亦师亦父的智积的衣钵原本是顺理成章的事，可是他虽然身在庙宇之中，却并不愿意终日诵经念佛，多次向智积禅师请求下山求学。

据说，智积起先并不同意，无奈陆羽执意如此，于是他提出让陆羽学习冲茶，若是能冲出让他满意的好茶，他就同意陆羽下山。而在陆羽钻研茶艺的过程中，一位好心的老婆婆给了他很大帮助，不仅教会他许多冲茶的技巧，也让他学到了不少读书和做人的道理。最终，陆羽凭借一杯热气腾腾的苦丁茶赢得了智积禅师的首肯，12岁的他自此离开龙盖寺，踏上了自己追求事业的漫漫长路。

此后，为了生活，陆羽在竟陵当地的戏班子里做过丑角演员、编剧和作曲，后又去火门山邹老夫子门下求学，直到19岁方才下山。那时的他并未确定自己的一生要做什么，只是不停地学，不停地历练以增广见识，而一直没有放弃的是对茶的喜爱与研究。

当二十余岁的陆羽因心中爱好而立志从事茶叶的研究考察工作后，便始终是心无旁骛、不畏艰难。在那个时代，像茶学、茶艺这类学问，是公认的难入正统的杂学，从事此类行业的人并没有很高的社会地位，而陆羽生活的年代正是“安史之乱”前后，时局动荡，自不用说。可这些都没有动摇陆羽研究茶叶、撰写茶经的决心，他一路考察茶事，辗转来到江南的湖州定居，从此起早贪黑，跋山涉水，和茶民打交道，用大量的实地考察来积累写作资料。

数十年后，四五十岁的陆羽撰写出三卷十章共七千余字的《茶经》，甫一问世，便掀起了一股品茶、学茶的风潮，被时人视为经典珍藏，陆羽也因此被后人尊为茶仙、茶圣、茶神、茶博士。

拉尔夫·沃尔多·爱默生曾说："激情像糨糊一样，可让你在艰难困苦的场合里紧紧地把自己黏在这里，坚持到底。它是你在别人说你'不行'时，能在内心里发出'我行'的有力声音。"

是的，要想成就一番事业，必定要富有激情。不管我们选择什么行业，首先要真心喜欢它，能从中获得愉悦感，即使它在初时不能带来太多回报，我们也甘之如饴，即使别人认为我们"不行"，我们也要坚定地去做。如同陆羽，没有参佛的意愿，却充满了对茶的激情，若他没有依从自己的本心，勉强留在智积禅师的身边，也许这世上就少了一个不可替代的茶圣，而是多了一个没有慧根的普通僧人。

众所周知，我国著名的文学家、思想家鲁迅先生在文学创作、文学批评、文学史研究等多个领域做出了卓越贡献，在选择事业时他也经过了一番考量。鲁迅原名周樟寿，后改名周树人，于1882年出生于绍兴的一个封建士大夫家庭，从小熟读四书五经，却并不拘囿于传统的封建思想。1898年离开故乡后，他先后在南京江南水师学堂、江南陆师学堂附设的矿务铁路学堂求学。

这时候的鲁迅，眼见祖国备受列国欺凌、国民软弱成性，非常希望能凭一已之力为国家的强大做些什么，他认为造成这种现状的原因是人们体质羸弱，所以才无法摆脱被奴役的命运，因此决定学医，然后改善国人的身体素质。于是，1902年，鲁迅被官派赴日本留学时，选择进入仙台的医学专门学校习医。

然而，在一边学医一边参与日本的一些集会和讲演活动时，鲁迅渐渐认识到，一个国家想要强大起来，最重要的并非身体素质，而是思想觉悟。如果人们的思想不自由、不懂得反抗，那么即使有最强壮的身体也是枉然。因此，1906年，在学医四年后，鲁迅毅然决定弃医从文，并立下了“我以我血荐轩辕”的豪壮誓言。

此后，鲁迅用自己的笔作为救国救民的战斗武器，从1918年用“鲁迅”作为笔名发表《狂人日记》开始，一生都在为从思想上解放国内同胞而奋斗，无论其间遭受了多少困难甚至生命面临危险，都没有放弃“呐喊”般的写作，最终赢得了蜚声世界文坛的成就，以及“鲁迅的方向，就是中华民族新文化的方向”这一至高评价！

也许，没有人可以假设，鲁迅若一直从医会走到什么高度，而最初鲁迅自己也无法预知他在文坛上能走多远。对于当时的他来说，可能根本没有想过文学、事业、成就这些词，只是坚定地向理想奋进。

心灵悟语

可见，所谓事业，并没有给予我们太多的限定，任何行业都可以做出一番令人侧目的成就，而如何选择则在于个人的意愿。但若想成功地抵达某个高度，便需要对自我有着清晰的认识和评估。当我们在了解自己的个性、能力和兴趣，了解不同行业对从业人员的要求以及对生活的影响后，我们就能找到自己的事业发展方向。

心有多大，成功就有多大

一颗种子如果不是怀着对春天的梦想，也就不会冲破泥土重压的禁锢。蝴蝶如果不是怀着对世界的渴望，也就不会冲破茧蛹的封闭。只活一季的蝉如果不是怀着对新生的憧憬，更难冲破蝉蜕的束缚。而我们，如果想要取得成功，实现瑰丽梦想，那就试着去敞开心胸。不管我们多么平凡，多么渺小，一定要时刻牢记，心有多大，成功就有多大。

《美国丽人》是一部隽永而震撼的电影，它获得奥斯卡金像奖属于实至名归，而让所有人惊讶的是，这部影片的导演萨姆·门德斯才刚刚过完34岁生日，而且，这部片子竟然还是他的处女作。于是，萨姆·门德斯的经历引起了众人的关注，他是如何一炮而红，取得这么大成功的呢？

萨姆·门德斯生于1965年8月1日。他是家中的独子，父亲是特立尼达人，母亲拥有波兰和法国血统。门德斯的双亲在他5岁时离婚了，在当时，离婚的孩子多多少少也会被小朋友歧视，萨姆·门德斯的童年就这样少了许多快乐。他跟随出版刊物的母亲瓦勒莉来到伦敦，随后又搬到牛津。他没有朋友，童年唯一的玩伴就是板球，母亲见他孤僻，经常带他去看电影，看着荧幕上闪烁的男女，萨姆·门德斯兴奋地跟母亲说："妈妈，我将来一定会做一个优秀的导演，拍自己喜欢的片子。"母亲摸摸他的头，不以为然地觉得，这孩子在异想天开。

好在萨姆·门德斯的学习成绩相当优异，升入剑桥后，门德斯使破败衰颓的戏剧小组恢复了元气。当时的门德斯已是一名老练的舞台剧导演了。1992年，他注意到考文特花园一幢熟悉的建筑外有一个支架，于是善于联想的他将自己视作拯救多玛货仓的英雄，就此展开了一个玩世不恭的电影剧本，没想到，却大获好评。

萨姆·门德斯在大学二年级时，决定对"美国最终幻想——20世纪30年代的大萧条"的题材进行探索。当时整个影视圈一片哗然，因为这种题材不叫好也不叫座，没有投资人肯接手这个烫手的山芋。可偏偏萨姆·门德斯又有着不信邪的性格，于是，在他不停地努力下，他终于跟志同道合的康拉德·霍尔相遇，康拉德·霍尔的在摄影方面的造诣也非常高，可是由于他经常天马行空的表现手法，使得他不被重用，所以，当这两个年轻人搭档在一起，好莱坞注定要掀起一场血雨腥风。

最终，两个人指导并拍摄的《美国丽人》荣获奥斯卡最佳导演金像奖。站在领奖台上，萨姆·门德斯深情地回忆说："一个人永远不要不敢设想你的将来，所谓心有多大，成功就会有多大，也许，我下一个梦想是竞选总统。”台下掌声雷动，并对他的幽默报以了会心的微笑。

小蜗牛因携着重重的壳而行动缓慢，在其他动物的嘲笑和讥讽中依然不放弃自己内心的想法，不忘记敞开自己心灵的舞台。就像歌词中唱的那样："我要一步一步往上爬，等待阳光，静静看着他的脸，小小的天，有大大的梦想，重重的壳，裹着轻轻的仰望。”终于，蜗牛会在不断攀登和仰望过程中迈向最高点，寻找到属于自己的成功。其实，我们也可以像蜗牛一样，无论经历什么艰难险阻，只要心有所想，就立即行动，无论早晚，终究会找到属于自己的成功。

2017年有一条新闻非常博人眼球，那就是围棋“人机大战”，让人脑与设计精密的电脑进行博弈。其实，早在1996年，有一个人，他就已经开始了这类竞技，他就是俄罗斯的加里·卡斯帕罗夫。出生于1963年4月13日的加里·卡斯帕罗夫，有着一份属于他的辉煌档案，他于1980年获得国际象棋世界少年冠军；1981年获原苏联并列冠军；1985年击败卡尔波夫成为历史上最年轻的国际象棋世界冠军，此后4次战胜卡尔波夫，连续15年保持世界冠军头衔；1996年2月在费城与IBM的第一代“深蓝”对弈，以3胜2平1负的战绩“捍卫了人类的尊严”。

纵观加里·卡斯帕罗夫的履历，我们会发现，这个男人，用自己的实际行动，验证着心有多大，成功就会有多大的道理。加里·卡斯帕罗夫出生在一个知识分子家庭。他的父亲基姆·莫伊谢耶维奇·魏因施太因是个犹太人，母亲克拉拉·沙格诺夫娜·卡斯帕罗娃是俄罗斯人，父母亲毕业于同一所大学的无线电系，后来都成为颇有成就的科学家。

卡斯帕罗夫之所以会喜爱上国际象棋是受了父母亲的影响。每当晚饭过后，他的父母总在余暇摆弄一些棋谱，每当这时，卡斯帕罗夫就站在一旁观看。有一天，父母吃饭时谈起了一步棋，卡斯帕罗夫插嘴道：妈妈，你要是不动那个兵就好了。他的话让父母吓了一跳，当时他们并不相信卡斯帕罗夫的话，毕竟他才刚刚6岁，卡斯帕罗夫铿锵有力地表示："我将来会是下棋天才，我不但要战胜全体人类，我还要战胜外星人。"父亲听了笑得前仰后合，没想到，若干年后，他们的儿子虽然没战胜外星人，可是却真的战胜了人类精华所集成的电脑。

由于身体很弱，卡斯帕罗夫在幼儿园里经常生病，成了医院的常客，一病就是个把月，他躺在病榻上没事干，于是就读起了棋谱，谁也想不到，这么小的孩子为什么会对棋有着这么大的兴趣。但是巨大的不幸正在悄悄地走近这个幸福的家庭，父亲在1970年患上了淋巴瘤病，在39岁时永远地离开了亲爱的儿子和温柔的妻子。

父亲去世后，卡斯帕罗夫在9岁那年跟着母亲来到了外祖父家，后进入著名的波特文尼克国际象棋学校，在世界上最需要智力的体育项目上一步一个脚印地走着。前世界冠军、校长波特文尼克很快就注意到这个长着一头浓密黑发，眨动着一双充满智慧的大眼睛的小男孩儿，发现了他在国际象棋上超常的悟性，便开始潜心培养他，不时给他"开小灶"，单独进行辅导。13岁时，卡斯帕罗夫就达到了候补运动健将的标准，14岁成为苏联最年轻的国际象棋运动健将。他还两次获得全苏青少年锦标赛的冠军，而在此之前，从未有人能够接连两次在这项比赛中问鼎。

卡斯帕罗夫的前进步伐似乎谁也无法阻挡，1977年，14岁的他参加了17岁年龄组的世界大赛，并取得了第三名的好成绩，令人刮目相看。两年后他应邀前往南斯拉夫参加国际比赛，一鸣惊人地接连战胜了几位高手，以一局未负的战绩拔得头筹，获得了有生以来的第一个国际大师的等级分。1980年，他在家乡巴库举行的一个国际大赛上再次夺魁，得到了第二个等级分，获得了“国际大师”的称号。这一年他只有17岁。

在卡斯帕罗夫的一生中，1980年是发生喜事最多的一年，除了上升为国际大师，他还在世界青年锦标赛中夺冠，接着与队友一起，为苏联赢得了奥林匹克团体赛冠军。在卡斯帕罗夫长达30年的国际象棋职业生涯里，有20年始终雄踞国际等级分世界排名首位，并且是世界上唯一一位突破国际等级分2800分大关的棋手。

心灵悟语

成功的路是孤独的，也照例没有捷径可走。没有世人的掌声，我们便用心灵奏乐，也许，我们不能做到让所有人都认可，但我们可以做主宰自己的神。就算身处黑暗，依然可以用心灵为自己点亮一盏明灯，照亮前方的路。我们要永远相信，心有多大，成功就有多大。

怎样确定自己走上了一条正确的路

“希望本是无所谓有，无所谓无的。这正如地上的路，其实地上本没有路，走的人多了，也变成了路。”这是我国文学巨匠鲁迅先生在他的散文《故乡》中写到的，它与西方的一条著名谚语“条条大路通罗马”有着异曲同工之妙。

这两句话都告诉我们，想做成一件事并不是只有一种方法，而人生的路也不止一条等待着我们去发现。无论我们因个人意愿或环境因素选择了哪一条路，只要坚定地走下去便可，无须追问太多，因为适合自己的路，便是最好的路。

有这样一个故事，说从前有两兄弟，各自从去世的老父亲那里分得了一棵梨树，并靠着梨树的收成维持着全家人生活的费用，过着并不算富裕但也十分安定的生活。

谁知道，可能是照顾不周，有一年，老二家的梨树忽然生了虫害，他用尽了各种方法也没有用，最后，梨树枯死了。

没有了梨树，就意味着失去了经济来源，老二全家顿时陷入了愁云惨雾之中。老二媳妇抱着梨树痛哭流涕，抱怨着自己的命不好。老二也耷拉着头，不知道以后该怎么办，但为了安慰媳妇，便劝说道：别哭了，现在哭也没有用了，老话说树挪死人挪活，不如我们到城里去看看，说不定能找到好出路呢。

老大和媳妇对老二家的遭遇十分同情，却也爱莫能助，同时在心里暗暗庆幸，幸亏自己家将梨树照顾得很好。老大媳妇甚至逢人便说，还是我们家老大命好，要是我们家的梨树没了，还真不知道该怎么办。

老二一家来到城里，租了一个小屋子住下来，老二媳妇负责在家带孩子做家务，老二则找到了一家包子铺给人干活。老二是一个勤奋又有头脑的人，一边打工一边也留心学着做包子，一年后，他离开包子铺，用这一年存下来的钱和媳妇一起开了一家小店。小两口努力经营，用了半年，让小包子铺变成了大包子铺，又过了几年，生意越做越好，老二已经成了一位成功的商人。

后来，老二一家人回到故乡探望大哥大嫂，这时老大一家还是许多年前的老样子，靠着那棵梨树过着不算富裕但也算安定的生活。而看到老二衣锦还乡，老大媳妇感到又嫉妒又后悔，叹息着想，要是当初死的是自己家那棵梨树，那现在就是自己过上这样的好日子啦！

故事中的老大和老二谁更成功、更幸福呢？其实，这是很难比较的。刚开始，两人在分得梨树时起点一致，过着差不多的生活，但因老二家的梨树枯死，两人便走上了不同的人生路：一个仍然精心照料着梨树，过安稳的日子，一个则进了从未去的城里，茫然不知前路。

谁可预知老大家的梨树永远茂盛？谁又可预知老二能拼搏出一番事业？直至到了故事的结尾，也没人能担保老二的生意会一直顺利，老大在今后不能将一棵梨树变成一片梨园。而若将两人换个位置，老大未必做得了生意，老二却照料不好梨树。这正如精英人士与边缘人走着不同的人生路，却也拥抱着各自的成功。

被誉为“硅谷教父”的保罗·格雷厄姆在曾经发表的一篇文章里，分析了精英人士与边缘人，他写道：“（精英人士）他们不会去建造花园里的小花棚，只能去建造那些大型艺术博物馆，而他们做大事的原因，就是因为他们有能力做到。……边缘人就完全没有这种顾虑了。他们可以从小东西做起，即便是一些看起来微不足道的东西，这也是很好的。因为它足够小，就不容易出问题，也更容易发挥主观去创新，周期更短。”

由此可见，人生走哪条路都有所得，有所失，走哪条路都不能用绝对的正确与错误去判定，他人的荣光与失败始终是他人的，而适合自己的能力和兴趣的，便是最好的路。

那么，是否选择了就要一条道走到黑呢？什么时候该坚持下去，什么时候应该转向？下面这个故事也许能给我们一些启示：

有一个年轻人来到寺庙找禅师，说："大师，我分不清什么时候该执着，什么时候该放弃，所以经常感到犹豫不决，也经常在做错事后感到后悔。我不想再这样了，我想出家。"

大师说："寺庙不是逃避之所，是静修之地。如果你抱着这样的心态选择出家，是无法悟道的，因为你尘缘未了。"

年轻人只好求大师为他指点迷津。于是，大师带着年轻人来到寺庙的后院，指着树上的一只蜘蛛说："你将它的网捣破。"

年轻人照做了，然后他发现，蜘蛛呆了一会后迅速逃走了，但很快又溜回来重新织网。年轻人再次将蛛网弄破，蜘蛛又在逃走后再溜回来将网补上。

大师问："你明白了吗？"

年轻人若有所悟道："我好像明白什么是执着了。那什么时候该放弃呢？"

大师转身，又指着屋檐下的一个燕子窝说："如果这燕子窝垒的地方不对，影响了人们的出行，人们就会将燕子窝捣毁，你认为，燕子该怎么做？"

年轻人回答："那燕子肯定要换一个合适的地方再做窝。"

大师点点头，说："是的，假如燕子和蜘蛛一样，还坚持在原地做窝的话，它就永远不可能有一个平安的家了。"

年轻人终于明白，如果导致失败的是化解不了的矛盾，那就无所谓再坚持，应该避开矛盾，换一个地方重新开始。

万科的创始人王石曾经说：“成败往往取决于坚持和放弃的一念之间。”是的，有很多失败是因为缺少了一份坚持而最后功败垂成，但也有许多烦恼，是因为太过坚持、不懂得适时放弃，而陷入了固执的深渊。

面对我们自己的人生，他人的意见只能作为参考，却永不能成为主导。而当我们依从自己的本心，选择了某一方向、某一职业后，也并非是从此不再转弯。人生在不同的阶段有不同的向往，成功亦需要审时度势，就好像攀登一座高峰，走最捷径的小道也许能很快到达山顶，却也许会错过一些风景，走另一条曲折的路也许会更辛苦，但不同的历程带来的收获也不是白费的。

心灵悟语

我们要相信自己选择的路，不畏道路崎岖，坚持走下去，而在转弯时也能从容放弃，不再为曾经的付出耿耿于怀，这样，我们才能有条不紊地向着梦想中的成功靠近，再靠近。

只要开始，永远都不算晚

一个68岁的老太太去英语班报名，工作人员说，“你想能听懂英语，至少要学两年。可两年以后你都70了。”老人笑吟吟地反问：“姑娘，你以为我如果不学，两年以后就是68吗？”

很多人总因开始得太晚而放弃，殊不知，只要开始，就永远不算晚。

有这样一个女孩，她1984年进入花样游泳队，并在两年后获得全国第一届女子花样游泳团体冠军。15岁的年纪转入到八一射击队，与大名鼎鼎的王义夫及李对红做过队友，并于4年后获得全军射击冠军。那么，你会想这女孩肯定是个有着强大运动天赋的人，她将来的人生走向也必然会是在体育界，要么继续深造，要么退役做一名教练。

然而，她却在正当年之际，选择了截然不同的一条路，甚至是跟体育风马牛不相及的一个行业，她选择做了一个电影明星，她就是——牛莉。

当初牛莉事业正旺，在体育界声名鹊起之际，她妈妈又把她从广州军区调到身边的北京军区继续从事射击事业，没想到射击队解散了。正当大家都以为她会转向其他体育项目的时候，她却做了一个让人大跌眼镜的抉择，牛莉决定报考艺术院校。

她先考了中央戏剧学院，结果初试时就被刷了下来。她接着去考电影学院和解放军艺术学院，最终被解放军艺术学院录取，开始了演艺生涯。并于1991年9月，首次出演电影《大决战》饰小新娘。1992年6月，参演电视剧《中国蓝》饰京京。1993年10月参演电视剧《边区灯火》。从此，这个叫牛莉的曾经的体育冠军，开始在演艺圈崭露头角。

2000年的6月，牛莉与张婷等主演的电视剧《绝色双娇Ⅰ偷龙转凤》，在BTV首播后大获好评，也让更多的观众认识了她。随后她更加拓宽戏路，参演了数十部经典剧集，更连续三年登上了央视春晚。有人问她："俗话说，跨行如隔山，你是怎么想到要突然转行呢？"她笑着说："只要开始，我觉得永远都不算晚。"

在这样多元化的生活状态下，随着生活空间的扩大，人的能量也不断被开发出来。不管青年、中年，还是老年，只要认识到这一点，便会有令自己也吃惊的作为。如果我们发现自己还有许多想做而又未来得及完成的遗憾，不如大胆地尝试，也许，成功就在我们转念的那一瞬间。

冯小刚今天的成就，大家是有目共睹，可谁知道几十年前的他，其实只是个宣传干事。正是他报有只要开始，永远都不算晚的信念，才使得他放弃了宣传干事的铁饭碗，投身到了电影行业，最终，成了响当当的大导演。

冯小刚出生于北京的普通家庭，年少时父母因故离异，自幼他就和母亲与姐姐共同生活，冯妈妈的性格坚韧、果敢，四十多岁时就开始与病魔做斗争，五十多岁起身患重病瘫痪在床，尽管冯妈妈的身体很不好，但是她始终以坚强的精神鼓舞着儿子冯小刚，她曾经在病痛中对冯小刚说："儿子，妈知道你有自己的想法，不管你想做什么，尽管去做，只要你有了出息，妈妈就高兴了！"当时的冯小刚在北京军区装甲部队从事基本宣传工作，通过刻苦努力，冯小刚很快正式踏进北京军区文化单位，随后作为部队文职人员获得提干。可以说，当时的冯小刚是让很多人羡慕的，有稳定的工作，温馨的家庭。

1984年转业后，出于对家庭的考虑，冯小刚进入北京城建开发总公司的工会，还是从事文化宣传工作，有着优厚的待遇，享受着天伦之乐。可他总觉得，在自己的内心深处，有一股对电影事业的热忱还没有释放出来，于是，冯小刚毅然决然地踏进了北京电视艺术中心的大门。

当时的北京电视艺术中心仅仅创办几年，可冯小刚凭借自己对电视电影的热爱，硬是在这里找到了归属感，并开始涉足电视剧、电影行业。

《遭遇激情》是他与郑晓龙联合编导的第一部作品，后被夏刚拍成电影，影片获中国电影金鸡奖最佳编剧等四项提名，紧接着他与王朔、马未都联合编剧的电视系列剧《编辑部的故事》一经开播，立即大热，使他成为家喻户晓的人物。

1992年，冯小刚再次与郑晓龙合作写了电影剧本《大撒把》，搬上银幕后，又获第十三届中国电影金鸡奖最佳故事片、最佳编剧等五项提名。1994年，他开始亲自上阵当导演，处女作《永失我爱》隆重上映，并且好评如潮。再接再厉的他推出了一系列的好剧《月亮背面》，贺岁电影《甲方乙方》《不见不散》《没完没了》，票房成绩不俗。而他的《一声叹息》在圈里圈外更是掀起了很大的波澜。

冯氏喜剧确实在这几年被人熟知，而冯小刚之所以能够成为又一个大片导演，仍是因为他对电影的热情与执着。与张艺谋、陈凯歌这些被著名电影奖项肯定过的导演相比，冯小刚是以普通观众的口碑建立起自己的电影风格，也是唯一一直在商业领域打滚的导演。

尤其他在2009年元旦假期结束，上映的《非诚勿扰》以惊人的速度创造了票房奇迹。

冯小刚的成功让人明白了一个道理，每个人都可以有“半路出家”获得佳绩的机会，关键就是看我们敢不敢迈出这一步。

心灵悟语

其实，不是我们没有做某件事的能力，也不是我们没有时间，只是我们经常自己在给自己设限，不要感叹生不逢时，不要感叹时光飞逝，即使我们跟别人不是站在同一条起跑线，那又有什么关系！只要开始，永远都不算晚！

专注做一件事，坚持下去就一定成功

人的精力是有限的，而我们想要成功的决心是无限的。所以想要成功只能是集中精力，做透一个点。王阳明在《传习录》一书中，反复强调“心有所向”，实则就是在告诉世人，只有专注做一件事并坚持下去，才会成功。

常昊的名字不但在围棋界如雷贯耳，就是在普通百姓中，几乎也无人不知，可他是如何从一个普通家庭的孩子，成长为围棋国手的历程，恐怕知道的人却很少，有人就这个问题问过常昊，他说：“我的成功，关键在于专注。”

常昊在很小的时候就已经进军棋坛，可是，他是怎么做到的呢？那还是1983年，上海电视台“体育大看台”节目举办邱百瑞围棋讲座。讲座还没有结束，五岁的常昊就像掉了魂似的一个劲地吵嚷：“我也要学围棋，我要跟邱伯伯学围棋！”

爷爷妈妈傻眼了，对于一个普通的工人家庭来说，怎么可能请得动大名鼎鼎的围棋教练邱百瑞呢？唉，既然孩子有这个愿望，就去试一试吧！费尽周折，妈妈终于找到了邱百瑞，面对妈妈的自我介绍，邱百瑞有些许不耐烦。每天来找他的家长实在是太多太多了。可是面对常妈妈的穷追不舍，邱百瑞无奈地表示："你明天把孩子带来，我试试他吧，看看他有没有那个天赋。"常妈妈喜出望外。

第二天，常妈妈把小常昊带到了邱指导面前，经验丰富的邱指导并没有让常昊跟其他学员对弈，而是让他在旁观战。小常昊在观棋，邱指导却在一边观察常昊。奇了，连续两天，这个才五六岁的孩子竟被棋子"管住"了，两眼盯着棋盘，紧抿着嘴唇，那种专注，倒像一个成年的棋手在观战。邱指导不禁叹道："我见过无数喜欢下棋的孩子。而像常昊那样一动不动静静观战两天也不出棋的五六岁孩子，我却从未见过。好，这个徒弟我收了！"

小常昊就这么跨进了市体育宫围棋训练班的大门。他进班才两个月，就在上海市少年儿童围棋比赛中一举夺得了儿童组冠军。别人向他祝贺，他却口出狂言："儿童组有啥稀奇，我将来要把儿童两个字拿掉，还要同日本高手较量呢！"结果常昊却为他这个小小的膨胀埋了单。

一次在扬州举办的国手赛，小常昊不知天高地厚地吵着要到扬州去跟所有第一流国手较量较量。聂卫平兴致勃勃地将小常昊拉到自己房间，让五子大战一场。

结果自然是常昊输得很惨，虽然他的棋艺得到了聂卫平的夸奖，可常昊却哭了，从那以后，他再也没有骄傲自大，而是开始把所有的心思都用在了围棋上，这一专注就是二十年。

常昊最终成了围棋历史上战功赫赫的功臣，可是，如果我们换位思考，如果我们够专注，如果我们可以把一件事坚持二十年，那么，成功的可能就会是我们。

鬼谷子曾经说过：心散则志衰，志衰则思不达，思不达则事难以成。世界如此纷扰而浮躁，能扰乱我们心神的事情车载斗量，如果我们不能很好地掌控住自己的内心，也就很难在这世间开创一方立足之地。

如果说，常昊成功的秘诀还只是专注，那么，有一个比他还要成功的人，就不单单可以用专注和坚持来解读，那个人简直是专注成痴，坚持成迷，常昊用二十年让自己成功，这个人却用了一生。他就是——陈景润。

有一天，陈景润吃中饭的时候，顺手摸了摸脑袋，同他一起在食堂吃饭的同事打趣他："老陈，你要再不去理发，我可要把你当成花姑娘啦。"众人皆笑，陈景润不好意思地频频点头，"马上去，吃完饭就去。"

午间的理发店里人很多，当时的理发店进入的时候需要领个牌子，按照序号依次理发。陈景润拿的牌子是三十八号。他心想："轮到我还早着哩。时间是多么宝贵啊，我可不能白白浪费掉。”他急忙走出理发店，找了个安静的地方坐下来，然后从口袋里掏出个小本子，开始验算起自己的数学公式。等到该他理发的时候，理发员差点喊破了喉咙：“三十八号！谁是三十八号？快来理发！”陈景润早已经专注在自己的数学公式里，哪里能听得到别人的喊声，最好笑的是，理发员晚上下班回家关店门的时候，陈景润才慌忙站了起来，问：“是不是到我了？”

陈景润还曾经因为专注，发生过一件趣事。有一天，陈景润吃了早饭，带上两个馒头，一块咸菜，到图书馆看书去了。他找到了一个最安静的地方，一直看到下班的铃声响起。管理员大声地喊：“下班了，请大家离开图书馆！”人家都走了，可是陈景润根本没听见，还是一个劲地在看书。

管理员以为大家都离开图书馆了，就把图书馆的大门锁上，回家去了。

时间悄悄地过去，天渐渐地黑下来。等到陈景润把书收拾好，打算回家去的时候。却发现大门紧锁，他已经出不去了。

要是在平时，陈景润就会走回座位，继续看书，一直看到第二天早上。可是，今天不行啊！他要赶回宿舍，因为有道数学题他还没有做好。

他走到电话机旁边，给办公室打电话。可是没人来接，只有嘟嘟的声音。他又拨了几次号码，还是没有人来接。怎么办呢？这时候，他想起了党委书记，只好马上给党委书记拨了电话。

“陈景润？”党委书记接到电话，感到很奇怪。他问清楚是怎么一回事，高兴得不得了，笑着说：“陈景润！你辛苦了，你真是个好同志。”

党委书记马上派了几个同志，去找图书馆的管理员。图书馆的大门打开了，陈景润向管理员说：“对不起！对不起！谢谢，谢谢！”他一边说一边跑下楼梯，回到了自己的宿舍。他打开灯，马上做起那道题目来。

心灵悟语

现代都市，越来越快的生活节奏使得我们每个人如同一座上了满弦的闹钟，身心随时都处在整装待发的备战状态，期待时机的到来，好让我们能大展拳脚。由此以来，我们的整个身心总好像随时都在路上，而缺少了专注的时间。纵观古今中外的成功人士，如果他们的人生中少了专注，恐怕他们也会一事无成，所以说，我们不要总是急躁地四处寻找机会，让自己沉下心，专注地去做好想做的事，那么，坚持下去就一定会取得成功。

坚持是恒久忍耐的爱

如果说在成长的路上，拥有哪项技能会让我们如虎添翼，助我们披荆斩棘，那么简单的“坚持”二字大概就是最完美的答案了。

不信细想一下，人活着本身其实就是一个坚持的过程：每天，我们要坚持起床、坚持吃饭、坚持上学或上班、坚持着继续吃饭睡觉，如此的周而往复，无限循环。而每个人之所以都能长此以往地坚持下去，首先我们是要生存下去，其次是因为我们对未知的未来充满了渴望，所以这种坚持充满了动力，能让人一如既往地走下去，而不觉得厌烦。

也许你会对此嗤之以鼻，毕竟这样的坚持，看起来多么容易啊，然而，你是否注意到，你几年前信誓旦旦的计划已经全部落空？这是为什么？也许只是因为没有好好地坚持。

看一些成功人士的自传，常常会发现一个问题，这些人之所以最终取得了成功，无外乎他们比常人更能忍耐成功未到时的孤独与寂寞，当然，最重要的是，无论他们遇到何种困难，他们都不会忘记初衷，他们的目标永远只有一个，那就是坚持走向成功，什么也不能阻挡地走向成功，这也让他们最终取得了别人难以企及的高度。

提起基努·里维斯，喜欢看电影的人士大多会对这个名字肃然起敬，作为好莱坞的一线明星，他主演的《生死时速》的票房高达一亿两千一百万美元。继《生死时速》之后，基努·里维斯在《捍卫机密》《黑客帝国》中的精彩表现更是把他在好莱坞的地位推向了一个无人能及的高度。

然而，鲜为人知的是，基努·里维斯本人的经历比他扮演过的任何一个角色都不幸。

基努·里维斯出生不久，就和妈妈被他的父亲抛弃了。妈妈为了生存，带着小小的基努·里维斯又改嫁了三次，在此期间还给他生了两个妹妹，其中一个妹妹，有先天的智力障碍，成了这个风雨飘摇的家庭中又一个沉重的负担。

落魄的家庭，流离失所的环境让基努·里维斯在年幼时过上了一段沉沦的日子，他跟着邻家孩子一起酗酒、打架、吸毒。在他14岁那年，他最好的朋友，因为吸毒过量死了在他的怀里。这件事彻底震惊了基努·里维斯，于是他用与自己年龄严重不符的极度坚持戒掉了毒瘾，从此就再也没有碰过毒品。

在基努·里维斯16岁那年，英俊帅气的他被星探发掘，以一支可口可乐广告进入演艺圈，并因此得到导演们的青睐。舞台剧《狼孩》的导演选中了他，给了他人生中第一个有台词的角色。但是，基努·里维斯并没有正正经经地上过几天学，面对着剧本上密密麻麻的文字，他一度想到了退缩。然而家中的困境以及需要照顾的妹妹让他明白，除了演戏，恐怕再没有什么职业能让他负担起庞大的家庭开支，面对眼前的困境他只能选择走下去。那时候的他常常一手拿着字典，一手拿着剧本，逐字逐句地学习着。

好运气总是会眷顾懂得坚持的人，基努·里维斯的片约纷至沓来，他参加了几部加拿大电视剧的拍摄，并在演艺圈崭露头角。更为幸运的是，有一次，当时的大明星罗伯·洛拍摄《热血男儿》时，选中了基努·里维斯，让他在片中露了一面，要知道这样的机会是很多大牌影星都梦寐以求想得到的。

1985年，基努·里维斯20岁，他决定去电影圣殿好莱坞发展。

1991年，身在好莱坞的基努·里维斯因为主演电影《男人的一半还是男人》（港译《不羁的天空》）而声名鹊起，得到了年轻人的热捧，而在拍摄过程中他和另一位主演瑞凡·菲尼克斯成了无话不谈的挚友。基努·里维斯非常珍惜这段友情，他觉得瑞凡·菲尼克斯就像是一束光，点亮了自己黯淡的生命。然而两年后的万圣节，瑞凡·菲尼克斯倒在了约翰尼·德普开的酒吧门口，死因是药物中毒，医检报告显示他体内的毒品含量是致死量的8倍。噩耗传来，正在拍摄《生死时速》的基努·里维斯并没有立刻赶去，而是坚持把电影拍完。当时甚至有人背地里嘀咕，觉得基努·里维斯无情无义。然而三年后，在为《生死时速》做宣传的一次活动上，记者又问起他对瑞凡的死怎么看。基努·里维斯再也无法控制自己的情绪，他哽咽着说："还能说什么呢，我很想念他……"硬汉落泪，令无数人动容。

在努力拍电影的同时，基努·里维斯也收获了自己的爱情，他和珍妮佛·赛姆相恋了。他们一起骑着摩托车去超市，晚饭后一起遛狗，像一对寻常的小情侣一样打打闹闹，偷拍的记者曾说过："那阵子的基努·里维斯是笑得最多的时候。"后来，珍妮佛怀孕了，然而，就在两人热切地盼望孩子降生的时候，命运再度给了他一记重拳——孩子出生时便是死胎。基努·里维斯崩溃了。但命运并没有就此罢手，珍妮佛又遭遇车祸不幸身亡了。这次，基努再也无法掩饰自己的悲伤，他去参加了珍妮佛的葬礼，并担任她的扶柩者。那是基努·里维斯最难过的日子，命运对他如此残忍，而他还没学会如何面对这一切。他说："我感到很孤独，我觉得命运对我不公，但是我想我会坚持，我会看看它到底还要让我承受些什么。"

然而，正如他自己说的那样，不幸的事情总是没完没了。在拍摄电影《康斯坦丁》时，他那个从小相依为命的健康的妹妹得了白血病。为了给妹妹治疗，他带着妹妹到处求医。也为了妹妹，他39岁时才买了人生的第一套房子，只因为妹妹说自己不想住在酒店，想要有一个属于自己的家。因为妹妹的关系他设立了一个基金会，为得了白血病的青少年提供资助。

基努·里维斯所经历的一切让他的影迷心碎不已。然而他自己却说：谢谢大家的关心，但我并不是一个悲伤的人。他也确实说到做到，因为他仍旧在困境中坚持着自己热爱的电影事业，从未停歇，并因此斩获无数大奖，拥有粉丝无数。面对大家对他的热爱与赞美，他只是淡淡地回答：我并不想逃离生活，因为它也有美好的一面，所以，我会一直坚持到最后。

心灵悟语

马克思曾经说过，人的价值蕴藏在成长过程中你所展露出的才能里。珍珠因为忍耐了蚌壳的拘禁，百般磨砺，千般坚持，才拥有了夺目的光彩；仙人掌因为忍耐了极度的干旱，才在寂寥的荒漠中有了那抹翠绿而昂扬的身姿；铁树忍耐时间的漫长，才会在某一天绽放出它惊人的花蕊……所以，那些拥有惊人成就的人，没有哪一个不是经历了长久的坚持。圆满的结局，藏在恒久的坚持之下，你坚持，它就是你的。

遗憾不过是生命中掉落的一粒沙

如果说这世上真的有后悔药可卖，那么毋庸置疑，它一定会热销。生而为人，可以承受失败，可以接受重创，甚至可以容忍背叛，但却躲不过心底里最深处的那份遗憾。月色阑珊，杯酒在握，“此情可待成追忆，只是当时已惘然”的感伤往往让人落泪心碎。

成长的过程中，让人遗憾的事情有太多，也许是因为感情，也可能是因为事业。天天把遗憾的情绪挂在心上，久而久之，遗憾就成了一把最锋利的剑，在心上刻了一道深深的疤痕，永远难以痊愈。心理学家说，遗憾其实并不可怕，可怕的是人在回忆遗憾之际，往往会反复把令自己后悔的情景一遍遍地回放，让痛楚反复加深，折磨着自己并不坚强的灵魂。

如果说把成长的过程比喻为登山，那么，这段山路注定崎岖坎坷，而遗憾就相当于这段路途中隐藏的深不可测的陷阱，如果不小心陷入其中而又不想办法自拔，人生将注定永无翻身之日。

现实生活中，有的人所遭遇的遗憾事比我们想象的还要惨烈，还要悲壮。然而，他却能将这种遗憾逆转成喜剧，最终出现皆大欢喜的结局，20世纪美国臭名昭著的大骗子弗兰克·威廉·阿巴内尔就是这样。

阿巴内尔也算是含着金汤匙出生的富家公子，可万万没想到少年时父亲破产，母亲与别人私奔，他从一个富二代直接沦落成了年轻的流浪汉。阿巴内尔从云端跌落低谷，拆借无门的他看够了世人的势利与白眼，智商甚高的他暗暗发誓，一定要出人头地，让那些瞧不起他的人都对他刮目相看。他的想法是励志的，可他的做法却谬以千里。

那个年代的美国人非常崇拜律师这个职业，谁要能穿上律师制服，就是被人尊敬的对象。于是阿巴内尔做了假证件，来到一家律师事务所应聘，谎称自己刚刚大学毕业。倚仗自己的三寸不烂之舌和善于察言观色的技巧，阿巴内尔顺利被律师事务接纳，开始了自己的律师生涯。

不得不说，阿巴内尔是有天赋的，短短几年时间他就在律师这个行业混得风生水起。如果，他这时能够踏踏实实地去考取律师资格证明，深造学习，那么，他肯定会成为律师界的大明星，从此名满天下。

然而靠着投机取巧成功的阿巴内尔尝到了甜头，却不肯就此罢休，做下了令他遗憾终生的一个决定，他竟然又靠着假文凭考取了飞行员，并且真的在半年后，驾驶着飞机飞上了蓝天。看着脚下一望无际的白云，阿巴内尔出现了幻觉，他觉得自己就是主宰世界的王者，他无所不能。从那开始，他一发而不可收，又利用假证件先后去应聘了医生和大学教授。令人惊讶的是，无论哪一个职业他竟然都表现得十分完美，并因此集聚了大量财富。当然多行不义必自毙，阿巴内尔因为一件小事东窗事发，成了全球通缉的逃犯，后来被警察抓获，并被判刑。

出狱后的阿巴内尔决定再也不去做骗人的勾当了，他隐姓埋名，找到一家餐馆给人扫地洗碗，他想尘封那段不堪的往事，安安静静地去做一个普通人。可每当夜深人静，他都遗憾但凡他在某一个拐点能够及时醒悟，去给自己一个真正的身份，日子肯定不会像现在这样。然而，遗憾终究成为遗憾，后悔不但没用，相反还有更深重的苦难日子在等待着他。

一天，阿巴内尔正跟伙伴们在食堂吃饭，电视上播出了他曾经的犯罪经历，大家看着电视，再看看阿巴内尔，都目瞪口呆，端起自己的饭碗离他远远的。伙伴们都是老实的打工者，谁也不想跟一个江湖上令人闻风丧胆的骗子朝夕相对，于是，老板当天就开除了阿巴内尔。

新闻的播出，让阿巴内尔成了人人避之不及的所在，他也无法找到一个新的平凡的工作，因为没有一家公司愿意雇用一个骗子。阿巴内尔痛苦不已，他觉得他的人生就此完蛋了，他一蹶不振，甚至想到轻生。一天，喝了大量烈酒的阿巴内尔来到海边，几番挣扎过后，他真的朝着冰冷的海水一步步走了过去，直至海水没过了头顶。

可没想到等他醒来却躺在医院里，原来一个美丽的护士在下夜班时救起了他，阿巴内尔觉得这个美丽的姑娘一定是上帝派来挽救他灵魂的天使，于是，他追求起姑娘，并把自己的往事和盘托出。他以为这个姑娘听了他的事迹一定会尖叫着逃走，没想到这个姑娘原谅了他，并且真的嫁给了他。两个人在租来的房子里过上了二人世界，日子清贫，好在两个人之间有爱，阿巴内尔最遗憾的是当初为什么不留下点钱，好给美丽的妻子买上一枚结婚戒指。

而此时的警察局，却因为一桩金融诈骗案头疼不已，刚巧阿巴内尔带着怀孕的妻子来警局办事，警察看到阿巴内尔眼睛都亮了，这个曾经的造假高手也许比诈骗犯的技巧更胜一筹，何不要他参与到破案中来呢？于是，阿巴内尔有了用武之地，在他的协助下，警局破获了这起大案，还奖励给他一笔丰厚的奖金，他用这笔钱终于给妻子买了戒指。

就此，阿巴内尔放下了曾经横亘在内心中的遗憾，重新振作，开办了属于自己的安全调查公司，当起了专业防诈骗人士中心的老板。这个职业他干了50年，70岁退休的时候，他为自己举行了盛大的典礼，看着满堂宾客，衣香鬓影，阿巴内尔感慨自己终于战胜了心中的遗憾，让人生获得了意想不到的圆满。

心灵悟语

生活原本就存在着各种各样的意外，原本以为心中最深重的遗憾事，如果能勇敢丢弃它，那么，生活也许就会峰回路转。所以，在成长的过程中，放过每一个遗憾，就当它是一粒无意中进入鞋子的沙粒，扔掉它，才能重新健步出发。

梦想永远都不晚

有没有听到过别人时常这么抱怨：我当初要是能怎样怎样，我现在就不会是这个样子。某些上了年纪的人也特别爱感慨：我年轻的时候，某个职业就是我的梦想，可惜……要不然……

其实梦想每个人都会有，可是能实现梦想的人，却不足千分之一。

为什么梦想会这样艰难，无他，只因为我们自己给梦想加上了时限。因为我们经常会这样说，如果五年之内，我做不成这个，那么我就放弃，去转行做那个。其实认真想想，没有谁的梦想是在别人的阻挠下失去的，只是因为自己的坚持还不够。如果对梦想的追求举棋不定，那么，任何一点小小的阻碍，都会成为我们放弃梦想的理由和借口。

所以，不要对梦想的没有实现而去怨天尤人，其实放弃梦想的是我们自己，而非他人。有梦想，什么时间去努力都不晚。

如果有人对这个说法嗤之以鼻，那么，眼下就有一群文化程度不高的打工妹，她们用自己的行动，在北京这个繁华的大都会，在没有任何一个科班成员的前提下，硬是打拼出了一个专业的剧社，自己写剧本，自导自演，而且演出场场爆满，名噪京城。

有记者曾问过这个剧社的演员："你们来自五湖四海，有的刚刚离婚，有的正在失业，而有的就住在别人家的楼道里居无定所，你们是带着一种什么样的心态成立了'地丁花'剧社的呢？"姑娘们的回答很简单："因为那是我们的梦想，有梦想，什么时候去实现都永远不晚。"

来自山西潞城的苗彩丽只有高中学历，刚来北京时才28岁，那时候真的是两眼一抹黑，谁也不认识，在她最困难的时候，口袋里只有4块钱，连地下室4平方米的一个床铺都租不起，买4个馒头都舍不得一天吃完，要不是最后找到了家政服务的活，苗彩丽差点就饿晕在街头。

四川籍的含笑已经46岁了，她初中二年级就辍学回家，来北京打工，一直在雇主家做月嫂，起早贪黑，辛苦异常。而比辛苦更加煎熬的是，她没有娱乐，没有一丝丝精神上的慰藉。每天吃饭干活、干活吃饭的日子，用她的话说，觉得自己活得像个牲口。而剧社成员雪花更是一个苦命的女人，29年的家庭暴力让这个可怜的女人伤痕累累，身心俱疲，宁可辗转在北京的劳务市场上过春节，她都不愿意踏上返乡的路。雪花只求能吃口饱饭，对生活没有了任何奢望，欢声笑语对她来讲，更是十分奢侈的事情。剧社里还有许许多多命运多舛，来自各行各业的姐妹，剧社成立之前她们大多心灵空虚，浑浑噩噩地过着日子。

当年，因为机缘巧合，这些人进了一个微信群，微信群的群名叫“打工之家”，微信群主成梅的初衷是把这些离家千万里的人聚集在一起，互相有个说话吐槽的地方，也可以抱团取暖。时间一长，大家都彼此熟悉了，成梅发现这些人虽然文化程度不高，可都称得上多才多艺，吹拉弹唱无所不能。成梅便问询大家为什么工作这么辛苦，还都会一些自娱自乐的玩意？每个人的回答都差不多：日子太苦了，自己给自己找点乐呗，花钱的地方去不起，就自己学一样，没事这个弹琴，那个唱歌，还有俩说相声的，大家聚在一起，俨然是一场农村的小春晚。

都是苦命人，欢乐的时光总是很短暂，太多时候是一个人提起了自己家的难事，便勾起了一群人的伤心事，大家顿时失去了欢颜，有的人甚至会痛哭失声。成梅问大家：“你们有没有想过，自己有一天也会站在舞台上，把内心的故事写成剧本，演出来？”大家都表示：“早就想过这个问题，就写我们身上发生的故事，比电视台演的电视剧都精彩。”于是成梅说：“要不，我们组建个剧社好不好？就演出打工妹自己的故事，给打工妹看。”大家纷纷响应，于是，地丁花剧社就这样成立了。

这些打工妹都有家人需要她们的经济资助，每个人都很忙，抽空排练话剧对她们来讲，简直是非常奢侈的一件事，可尽管这样，也没能阻挠这些有梦想的人。她们找场地，合理安排时间，短短的十五分钟话剧，她们甚至要分出四个小组轮番进行排练，谁没有空了，另一组就顶上。而写话剧对她们来讲更是大难题，有的雇主甚至觉得这些女人简直就是不务正业。当然，大多数的雇主还是支持的，雪花家的雇主甚至主动帮她们把剧本打印装订，让她们看起来更方便。

经过三年的筹划，她们的第一个话剧正式出炉，剧本就是根据雪花被男人家暴所改编的，剧名叫作《如荒漠的家》，雪花直接出演女主角。在元旦晚会上，面对座无虚席的观众场，雪花一开始本来有些怯场，可是，当鲜活的剧情犹如往日重现，雪花又找回了当时自己的恐惧和害怕，将一个被家暴的妻子饰演得淋漓尽致，尤其当她在舞台上，举着离婚证，泣不成声地喊着："我终于离婚了，虽然我什么都没有了，可我有了可贵的自由。"台下观众都跟着落下了眼泪。

就这样，地丁花剧社在打工族中一炮而红，声名远播，而作为组织者成梅又乘胜追击，邀一些有经验的月嫂和保姆集体开办了一家家政服务公司，名字还叫地丁花。有人纳闷，问成梅："地丁花到底是什么？"成梅回答："地丁花就是农村野地里，贴着土地开出的野花，不芬芳也不艳丽，可它却能坚持而努力地从春天一直开到秋天。"

心灵悟语

汪国真曾经写过这样一段话：每个人都有梦想，是什么都阻挡不住的，梦想让我们的人生充满了希望，梦想让我们在困难和挫折面前更加坚强。其实梦想的代名词就是跌倒、挫折、希望而后走向成功。而在追逐梦想的过程中，只要够坚持，够努力，那么，什么时候开始寻梦，都不算晚，都来得及。

坚持自己，对的机会总会来

2017年，《人民的名义》这部电视剧火爆荧屏，看到剧终会发现，但凡坚持住了自己信念的人，最后都没有被腐蚀，也没有堕落，成了可歌可泣、受人尊敬的好干部。可他们的坚持一路上所要面对的困难和险阻，却让人看得汗毛倒竖，不寒而栗。由此可见，坚持自己，其实是非常困难的一件事，然而，一旦辛辛苦苦坚持下来，那么，属于自己的春天也就真的到来了。

其实对于步入社会后的定位和走向，谁都会在一开始有着很强烈的憧憬与愿望，然而世上之事，不如意十之八九，总有一些人或者事的变故，让人不得不开始权衡利弊，左思右想，在改变不了别人的同时，我们往往会首先去改变自己，为了生活和事业选择无奈地迎合。

原本以为放弃当初的坚持，会曲径通幽，寻找到属于自己的另一缕阳光，然而当百转千回，千帆过尽，等来的结果却常常令人后悔不迭，深深嗟叹，当初自己如果能坚持下来，那么，是不是属于自己的机会已经来到。然而，但凡到这个时候，已经说什么都晚了。

有人说，这世间的行业，要论变数最大，最让人眼花缭乱的莫过于文艺界，或者娱乐圈，这里不仅仅需要天时地利人和，还有着说不清道不明的所谓观众缘。不知道谁会突然因为哪部剧就爆火，可也许又因为一次不当的言行导致粉丝纷纷倒戈。更有甚者，有些人把这些演艺界人士称呼为“刀尖上的舞者”，以此来形容这个行业的艰难以及如履薄冰的艰险。

可偏偏在这个圈子里，就有一个另类的中年男人，他一不接烂戏，二不肯炒作，三更不混所谓的圈子帮派，这让他几十年来在演艺圈的名头并不响亮，直至人到中年，凭借着一部《伪装者》被观众所熟知，大家才知道，原来他就是被称为“老干部”的靳东。

记者在靳东火了以后，采访了他的老邻居，邻居们众口一词，都说这孩子小的时候就是个上进青年，爱看书，附近的图书馆都让他看了个遍。更有甚者，谁家要是买了本好书，不出三天，准让他借去看。据说他常常在图书馆看书看到闭馆。

考大学的时候，靳东报考了中央戏剧学院，书看得多了，他特别想演绎书中那些令人着迷的角色，所以选择了表演系。当时因为他年纪偏大，还被刘烨戏谑地称呼为“老新生”。可能是因为自己的年纪大，靳东在上学的时候就有了老干部的风姿，大事小情谁有事他都到场，而且他经历得多，说话条理清晰，句句在理，所以大家也都挺听他的话。

2005年，靳东出演了电影《秋雨》，吴宇森导演对他的演技大为夸赞，说他用自己的风格为角色赋予了新的生命。2012年，靳东获得中国话剧的最高政府奖项——金狮奖，当时和他一起上台领奖的是徐峥、秦海璐、胡军，随便哪一个都是演艺界的成功人士。而靳东跟他们站在一起，引起台下记者议论纷纷，大家都在打听，这个靳东到底是何方神圣?

靳东的朋友都劝他说："哥们，你也老大不小了，你是不是应该多接点戏，最起码也得混个脸熟啊，别等你将来红了那天，别人都得管你叫老戏骨了。"可是靳东微微一笑，不置可否。他觉得自己是个演员，不是明星，红与不红其实并不重要，但是只要是自己接的戏，就一定要是对得起观众的，否则宁缺毋滥。

靳东因为饱读诗书，文笔特别好，也有不少哥们求他转战幕后，给大家写写剧本，做个策划什么的。可靳东只用一句话就回绝了他们，靳东说："我是个演员，我喜欢演戏，所以我不管能不能红，我都要坚持下去。"

因为《伪装者》里靳东饰演了大哥明楼，一个月之内，他的微博粉丝从十几万一下子暴涨到百万，这个沉寂了多年的演员终于开始变得家喻户晓。

2016年年初，在年度大戏《欢乐颂》中，靳东客串了谭宗明这一角色，虽然镜头不多，可每一次出镜，靳东都用他扎实的演技，吸引住了观众，甚至在整部剧播完之后，还有观众在他的微博下留言：“求你去拍些长一点的戏，看你怎么看都看不够。”

随着靳东的不懈坚持，他的演技已臻化境，更多的演出机会纷至沓来。在2016年年底，由他和陈乔恩主演的《鬼吹灯之精绝古城》正式开播，超过八成的观众给予热烈的好评，就连一直严苛的豆瓣评论那段时间都给予了8.4的高分。

所有业内的人士都断言，靳东这次终于扬眉吐气了，估计这小子该嚣张了，可任谁都没想到的是，他还是他，那个有点闲暇手不释卷，温和而理性的男子。靳东身边的工作人员也爆料说，靳东脾气特别好，他从来都是将不同的意见以鼓励的方式说出来，而不会去苛责某一个人，逢年过节更是经常有小礼物相送。不过，靳东的助理还曾经说过，靳东的底线就是一旦他坚持的事情遭到了阻碍，那么他就会变得异常“轴”，很难回头。但谁说不正是这样的“轴”，让他有了今天这样的成就?

心灵悟语

关于坚持，秦朝名臣李斯曾经说过：“泰山不让土壤，故能成其大；河海不择细流，故能就其深。”正是因为不排斥细小的土石，泰山才能形成如今的成就；正是因为能包容细微的溪流，江河才能汇流而成如今的规模。所以人生需要努力坚持，只要在成长的旅途上奋勇向前，就一定会如泰山、江河一样或高大，或深远。

坚持梦想，何来丢人一说

总有一种人特别让人羡慕，他们落落大方，长袖善舞，有礼有节，不惧人言。而还有一种人就动辄面红耳赤，跟领导说话也是胆战心惊，在聚会场合，更是沉默寡言，恨不得自己只是一朵壁花。往大了说第二种人上不得台面，往小了说就是脸皮薄，其实这类人非常多见，在实际生活中，这种性格也相当吃亏。

俗话说，缺什么补什么，像容易害羞的这类人，恐怕最喜欢的就是深夜窝在沙发里，追那些带有玛丽苏情节的长剧，不为别的，只是幻想有朝一日，自己也可以像剧中主角一样，所向披靡，人见人爱，带着扬眉吐气的闪耀光环。然而，生活中没有玛丽苏，清晨醒来，该面对的还是要面对。想要在工作中立足，在生活中理事，除了在成长过程中锤炼自己的胆识，有意识地训练自己面对大众的勇气其实也是一个方法。

也许有人会觉得，害羞是天生的，自己试过好多回，根本就练不出来。从心理学的角度分析，所谓害羞其实就是缺乏自信的表现，当内心充满自信，那么害羞的问题自然也就迎刃而解了。别不相信，因为在我们身边就有这样一位老人，他已经年近花甲，对音乐一窍不通，可他立志要成为一名音乐家，这种可能性有多大？相信你一定觉得这怎么可能办到？这个老人肯定是疯了。然而，就在东北，有一个普普通通的退休工人，他顶着各种耻笑和非议的压力，却真的做到了。

他叫周绍乐，是一个土生土长的东北人，经历了上山下乡后，返城回来做了粮食系统一名普普通通的员工。退休后，无事可干的他突然想起了自己当年的歌星梦，当时别说外人，就连他的老伴都差点笑掉了大牙。没有专业音乐知识，没有老师指点，在六十岁的年纪却想成为一个歌唱家，这不是痴人说梦又是什么？可周绍乐却说："我不图名，不图利，我已经走完了人生的大半辈子，我想圆自己的一个梦，这有错吗？"

2011年11月，经过了一年的苦读，周绍乐参加了音乐学院的专业课考试，满分是300，他考了220分。专业课过了，他又急忙去参加文化课的考试，面对满教室的青葱少年，奚落声、取笑声更是不绝于耳，有的人说了："这么大年纪，学声乐，这是要学大衣哥朱之文呀。"还有人说："原本音乐学院的名额就有限，回家抱孙子去得了，何必跟我们年轻人抢占资源。"面对诸多非议，周绍乐的老伴红着脸拉着他就走，出了音乐学院的大门，老伴指责他丢人现眼，可周绍乐毫不气馁，他觉得，人无论到了什么年纪，坚持自己的梦想，并为之奋斗努力，都不是丢人的事。再说了，让别人说几句怕什么？而且人和人都是平等的，别人能做到的事，我周绍乐也一样能做到。

2012年9月，周绍乐终于成了一名声乐专业的大学生，开始了他的圆梦之旅。通过系统的学习，周绍乐才体会到了其中的艰辛。年纪大了，气息不稳，力量也不足，可老师从来没对周绍乐加以怜惜，老师说："你既然是为了完成梦想，而不是抱着玩票的心态，那么，我就会认认真真地要求你，我相信你肯定能行。"

渐渐地，周绍乐的高音有了，低音也能达到，可他的声音里缺少厚度，老师说想练好厚度没有捷径，只有时时刻刻地训练。从此以后，周绍乐每天晨起在院子里吊嗓，邻居听了直敲墙，说他影响了别人的睡眠，老了老了，还当自己是帕瓦罗蒂。于是，周绍乐又到公园里去练，那些年近花甲的同伴看他煞有介事地引吭高歌，都在背后笑话他。周绍乐的老伴脸皮薄，她央求周绍乐："你可别练了，咱就别丢人现眼出洋相了。"可周绍乐却笑着打趣老伴："脸皮薄，吃不着；脸皮厚，吃个够。"

学声乐的人都知道，练好钢琴会对练嗓起到事半功倍的作用，周绍乐那干了一辈子粗活的大手，摸到钢琴键上，简直就像是在摸一件珍贵的瓷器，他实在不敢敲响那一个个音符，同学笑话他说："老周头摸琴键的样子，真像地主在摸自己失而复得的宝贝一样。"大家听了哄堂大笑。可没想到，同学们的戏言反而越发激起了周绍乐的斗志。既然别人都行，自己也是人，也不会比别人差。

如果说学琴和练唱已经让周绍乐累得苦不堪言，一项更大的考验出现在他的眼前——因为他学的是男高音，那么他就必须要学会意大利语，否则一些经典唱段他根本就没办法去尝试。周绍乐的老伴哭笑不得，说他："你这哪是学习声乐去了，我看你是整个人回炉重造去了。"从此在公园的外语角，周绍乐又开始拉着那些懂意大利语的学生教自己，他的举动让那些老伙伴都笑得直不起腰，他们互相谈笑着说："看到没？老周走火入魔了，人话都不说了。"可短短的两年时间，周绍乐就可以用意大利语流利地演唱各种经典歌剧。

2016年5月23日，学校的音乐厅座无虚席。学校的老师、同学、周绍乐的家人朋友都欢聚在一起，来听他的个人独唱音乐会。随着音乐的响起，穿着燕尾服的周绍乐一首首地演唱，音乐厅掌声雷动，经久不息。

一个普通的工人，用自己的坚持和努力，完成了根本不可能完成的任务，不但让大家对他有了新的认识，他自己都说，此生再无遗憾。

心灵悟语

只有真正尝试过坚持的人，才会煅造出坚毅的羽翼，让自己在成长的道路上展翅翱翔。只有尝试过努力的人，才会在经历过无数的困苦之后，有直面挫折的勇气。人活在世，谁都避免不了遭遇暗流涌动的磨难。可正因为拥有坚持的信念，才会愈战愈强，给信念镀上一层百毒不侵的闪亮的外壳，让它成为牢不可破的自信的盔甲。

挨过严冬，必将收获春天

成长过程中让人最无法忍受的是什么？那必然是等待。面对茫然无解的未来，面对学无所用的蛰伏，内心的煎熬随着等待时间的推移与延长，整颗心恍若温水中待煮的青蛙，每一分每一秒都是走投无路的惶恐，以及难以言说的痛楚。

俞敏洪曾经说过："成功最难的不是即将到达顶峰的艰难，而是寒冬即将过去，春天马上到来的临界点。"生活不是电视剧，没有人可以预料到结局，所以，就算在事业的寒冬中苦苦求索，也不会有人告诉你挺过这一关，马上就会迎来暖意融融的春天。

有很多人在成长过程中会误读了一个成语，那就是"壮士断腕"，以为当坚持不下去的时候，权衡利弊，痛下取舍是当务之急。可事后回望，往往会痛心疾首地发现，苦苦等待了许久的春天，却因为一念之差，将马上枝繁叶茂的成功之树拦腰斩断，其实只要挨过这个严冬，春天也就不远了。

在南美安第斯山脉，海拔超过四千米的人迹罕至的地方存在着一种巨大的草本植物，它的名字叫普雅·雷蒙达，当地人都亲昵地称呼它为普雅花。

虽然普雅花只是一株植物，可它的生长周期却足足有一个世纪那么长，比人类的平均寿命还要长，当地所有人都知道普雅花会开花，可却很少有人看到它花开的样子，因为在它生长的这一百年里，它只会开一次花，花期只有两个月。说起这株植物被发现，还有一个有趣的故事。

1867年，有一位名叫安东尼奥·雷蒙达的旅行家在南美洲进行徒步探险的活动，这位旅行家在旅途中意外地发现了一株植物，阅历颇丰的他觉得这株植物有着奇妙之处，荒漠的高原上，缺少雨水，可这植物却有着令人难以置信的青葱翠绿。

雷蒙达凑近一看，惊讶地发现这株植物竟然在开花，雷蒙达望着这奇异的花朵，简直不敢相信自己的眼睛，因为这株植物花开的过程可以用壮观来形容，高达十米的花穗顶天立地，纷繁的花穗互相牵绊在一起，形成了一个巨大的花塔，花塔上有大约一万多朵花，尽情地开放，姿态妖娆，散发出的香味更是沁人心脾。

雷蒙达从来没见过这种植物，他惊喜地觉得也许自己发现了人类从未见识过的物种，会不会自己也因此声名大噪？雷蒙达欣喜若狂之下一再告诫自己要冷静，他轻轻地贴近了植物，细细地观赏它，却突然有了意外的发现。

在植物的脚下有许多不知何人留下的铁皮空罐头盒子，里面放着卡片，写着见到这棵树的时间以及过程，甚至还有一个旅人留下的日记，日记上显示在70年前，自己见到了这株植物，可这株植物还没有开花的迹象。雷蒙达细心地观看着他人留下的字迹模糊的卡片，其中有一段文字让他感动，卡片上写着："我的朋友，我是一个植物学家，偶然经过了此地，所以冒昧地留下了这段文字，我不知道你多久可以见到这张卡片，可我必须要把自己看到的写下来。我研究了这个植物很久，对，我就住在它的身边，搭建着帐篷，要不是我的归期已到，我是真的不想离去。我不知道它是不是会开花，经过我的判断，它至少在这里长了三十年，如果我有这个幸运，能让你看到了这篇文字，那么，请你帮我看看，它是否开出了花朵，我真的不相信，一株植物可以生长三十年之久，它是如何坚持下去的呢？"

雷蒙达看到这篇文字惊呆了，眼前这株植物何止是活了三十年，它竟然活了整整一个世纪，而且还开出了累累的花朵。雷蒙达结束旅行后，立即把自己的这一发现，以及前人留下的字迹拿去给植物学家看，植物学家对此十分重视，亲临当地考察，终于证实了这是一种稀有的植物，这种植物生存的周期特别长，也确实是一百年才会开花，可是，并没有人真的看见过它开花，因为这植物在长到七八十年的时候，自己先坚持不下去了，随之枯萎死亡。而雷蒙达发现的这一株是世界上仅存的，可以坚持活到开花的唯一一株。

随行的新闻记者把花拍摄了下来，并刊发到报纸上，随之全世界都为之震惊，人们惊讶于这花顽强的生命力，也敬佩它的坚持和努力。植物学家摸着它的躯干差点激动落泪，在如此干旱的环境下，谁也不知道这花到底经历过什么，才能让它坚持下来，而没有选择在半路枯萎。从此，这花有了自己的名字——普雅·雷蒙达，也有人称呼它为永不重来的花朵。

心灵悟语

尼采曾经说过："谁将声震四海，必长久静静缄默；谁将点燃闪电，必长久如云漂泊。"作为一株植物，普雅花经历了百年的等待，终于开出绚烂的花朵，为自己赢来了漫天的颂赞。而我们人类，短短几十年的生命，何不跟普雅花学习一下，忍受等待的苦楚，最终让自己的生命结出累累硕果。

挺住，谁的人生不起伏跌宕

与三五知己喝酒谈心，酒至半酣，某人感叹一句："我这一生活得太不容易了。"一句话往往会引起大家的共鸣和回应，纷纷想起自己的不易，以至于伤心落泪，演绎了一出"酒入愁肠愁更愁"的戏码。

细想一下，其实谁的成长之路都不容易，跌跌撞撞地负重前行，谁的内心会没有伤？只不过有的人会让伤口快速愈合，继而转化为动力；而有的人则会在一个个深夜，一遍遍扒开将要愈合的伤口流泪，感念自己的不易，忘记了人生需要勇敢前行。

网络上流行的一句话其实说得非常好："心脏没有那么脆弱，总还会有执着。人生不会只有收获，总难免有伤口。"面对起伏跌宕的人生，与其伤心感怀，不如生出坚持的执着，在丑陋的伤口上用坚持努力做种子，让难看的疤痕经过时光的晕染绽放出最鲜艳的花朵，来装点我们并不完美的人生。

就如同当年浙江卫视的当年花旦亚妮，她用十年的时间，将自己摇摆不定的人生与一群“没眼人”相连接，将一个族群，一段悲伤的历史带到世人面前，用实际行动来告诉大家，悲摧的人生只要挺住，只要能够坚持并且为之努力，谁的生活都会绚烂如歌，异彩纷呈。

在2000年，亚妮的大名在业内可以说是无人不知，由她制片和主持的《亚妮谈话》，在当年是浙江卫视的黄金栏目，收视率名列前茅。

十年前的亚妮，光环加身，随随便便就过上了别人向往达到的小资生活。然而，电视主持人的压力也不是寻常人所能体会的，亚妮厌倦了每日在镁光灯下，墨守成规地主持着娱乐节目，她觉得电视节目需要一些接地气的人文理念。

长期的心情郁闷与工作压力让亚妮的心情郁郁寡欢。偶然一次机会，在中国首届原生态南北民歌擂台赛的现场，亚妮认识了一位来自山西大山深处的羊倌石占明。石占明有着高亢辽远的民歌腔调，震惊所有人的同时，直接跳过初赛和复赛，一步跨入决赛。石占明也震撼了亚妮，让她听到原来真的有人在用灵魂唱歌。

比赛结束后，亚妮带着对这个山西汉子的好奇，跟随石占明来到了他的老家，山西省左权县的红都村，也是在这里，亚妮第一次听到了“没眼人”这个称谓。通过交谈，亚妮得知了关于“没眼人”的传奇故事，当看着这十一个“没眼人”站在她的面前，亚妮流泪了，她觉得，自己必须要为这十一个命运起伏跌宕的男人做些什么。

“没眼人”是十一个盲人，据说他们是一群为八路军提供谍战服务的人，但是他们没有编制，没有档案，没有记录，只存在于老乡们的记忆以及大家的口口相传中，山里人称他们为“没眼人”。这十一个人以卖唱为生，而他们所演唱的辽州小调已经被选为国家非物质文化遗产。亚妮看着这十一个衣衫褴褛、穷困潦倒的男人，被他们身上多年来对辽州小调的保护以及传扬深深折服，称呼他们为真正的艺术家。

为了跟“没眼人”打成一片，2002年，亚妮离开了让自己心神不宁的大都市，再次来到了这片黄土地，虽然这里居住环境简陋，吃的更是不堪一提，可亚妮在这里找到了久违的心的安乐。没有人事纷扰，没有熙攘喧闹，就是几个纯粹的人，唱着心里的歌。

亚妮当时正准备出书，原本想写出自己的故事，可写着写着，她不知不觉把“没眼人”的事迹写在了里头，“没眼人”曾经都立下了汗马功劳，却不图名利，依然用抗战的精神与坚持在严格要求着自己。这些汉子的人生哪个细究起来都是一部血泪史，可他们的脸上遍洒了阳光，他们的内心干净纯正。亚妮突然冒出个想法，她想放弃自己的事业，去为“没眼人”做些什么，她的家人纷纷劝阻她，说她是没事找事。亚妮却说：“你们都以为我想去帮助这些人，其实是这些人帮助了我，他们让我知道，生活只要挺住了，以后就全都是艳阳。”

2006年的正月十五，亚妮放弃了工作，带着自己的全部积蓄和65人的摄制组，浩浩荡荡地来到了“没眼人”的身边，想要拍出属于他们的故事。

整整十年的时间，没有哪部电影或者纪录片可以拍摄周期长达十年，亚妮却觉得，十年都拍不完这些人的坚毅，善良。而这十年对亚妮来讲，更是有着翻天覆地的变化。红极一时的隐退，缺席了女儿的成长，少了对父母的奉养。等她再回到城市，女儿已经成了亭亭玉立的大姑娘。

在拍摄最困难的时候，亚妮甚至负债百万，卖掉了房子只为还债，就连她父亲过世，她都没能及时地赶回去见老人家最后一面。

2016年，亚妮带着她跟“没眼人”的故事华丽归来，收获的不仅仅是2016年年底“中华文化人物”的殊荣，还有梦想成真的幸福。更重要的是，她觉得自己没有辜负这些“没眼人”的期待，能让更多人看到洒在那片生命原生态土地上的阳光，感受一下历经千辛万苦而终于挺住，最后收获阳光的真男人、纯爷们。这才是她真正想要做的。

心灵悟语

青翠的茶叶熬成的回甘的茶汤，才是茶的精髓，人生经过历练才会熬成坚韧宽忍的人性，这也是人生的精髓。人生的起伏跌宕正是成长的必要组成部分，也是人生必须要经历的主要过程，只有不平整的路才能更好地让我们去体悟人生的不易，只有不完美的生命才会让我们越发珍惜成长的可贵。

你没有理由让别人为你而改变

生活中的改变其实是痛苦的，因为我们习惯于固有的生活模式和工作方法，无论是何种改变，都充满了变数和不确定性，都会让人感到困惑。

如果说来自生活的改变令人无力反抗，这种痛苦勉强可以接受，那么来自个性的改变则让人无所适从，因为它不仅仅是改变的范畴，同时也是一种自我否定的过程。成长的过程中我们的三观正在逐渐形成，每个人所坚持的一定是自己认为最正确的，自然谁都不希望自己一直坚持的观念被人指出是错的，而是都希望他人承认自己，对自己做出让步。其实这种想法相当错误，因为谁都没有任何理由让别人为自己而改变。

总有一些人把改变别人当成己任，高估了自己的想法，而低估了他人的意愿。例如，以爱之名，让家人做出改变，无论他愿不愿意；或者是以上司的名义试图让下属做出改变，实际上也许下属并没有做错，可想改变他人的人却觉得自己永远是对的……现在有个词汇叫作道德绑架，不知不觉中，有些人就把自己活成了那个绑架他人的人而不自知。

西晋刘琨在《重赠卢谌》中有句知名的话：“何为百炼刚，化为绕指柔。”意思是：“谁都不会想到经过千锤百炼的坚刚之物，竟会变成可以绕在指上的柔软的东西。”所以，用强压去改变他人，不如软化自己去与别人沟通，因为无论出于何意，谁都没有理由让别人为自己而改变。

在美国丹佛，有一个非常著名的景点叫作野牛坡，这里不是公园，也不是牧场，却有成群的野牛聚集在此，供游人欣赏。而更令人莞尔的是，这里的野牛好像严格执行着打卡制度，平日里踪迹不见，每个星期日的清晨，这些野牛就会陆陆续续来到这里，吃喝玩乐，打闹嬉戏。傍晚的时候，这些野牛又会四散而去，直到下个星期天再来。

很多游客都很纳闷，这到底是怎么回事？难道是饲养员使用了什么高压政策，或者是用暴力来约束这些牛这么有规律？后来通过市政府讲解员的解说，大家才恍然大悟。原来，这里的人们从来没试图让这些野牛做出改变，而是因势利导，用改变自己来迎合这些野牛，来改善它们的生活。

原来在野牛坡的对面是著名的70号公路，一年四季白雪皑皑，天气越冷，雪山峰顶的银白色的雪就下得越发厚。雪山顶上的水源，冰冷地流淌下来，看着很是漂亮壮观，可生存在雪山下的野牛却痛苦不堪，为了食物和温暖，这些野牛横冲直撞，伤人无数。当地的政府甚至安装了铁丝围栏，试图阻挡野牛的侵袭，可收效甚微。

为了觅食，这些野牛把草坪上的草根都挖出来吃掉，甚至走好远的山路，去偷食当地人种的蔬菜，当地政府为了这些野牛的生存问题费尽了脑筋。大量地投放食物不是不可以，可又怕野牛以后养成惰性，失去了野生能力，反而变相地害了它们。后来大家集思广益，想出了一个主意。

于是，政府团队每到周日就在野牛坡投放食物，数量不多，但是足够这些野牛一天的食量，久而久之，野牛每到周日就像在赶赴一个隆重的饭局，熙熙攘攘地接踵而来，吃饱了又满意而去。政府将这个野牛坡开发成了旅游区，用游客的参观费来养这些野牛，而野牛也因为和人们近距离的接触，少了畏惧感，就算是以后在别处看到陌生人，也再不会像以往那样猛烈攻击，所有人都说政府这个举措真的是非常“牛性化”，既给了牛自由，又维系了它们的温饱，还有就是照顾了牛的尊严与个性，可谓是一举四得。

心灵悟语

在英国斯威敏斯教堂的地下室里，英国圣公会主教的墓碑上写着这样一段话：“当我年轻自由的时候，我的想象力没有任何局限，我梦想改变这个世界。当我渐渐成熟明智的时候，我发现这个世界是不可能改变的，于是我将眼光放得短浅了一些，那就只改变我的国家吧！但是我的国家似乎也是我无法改变的。甚至就连我的家人和我的朋友都那么不容易去改变，所以，我改变了我自己，最终，我收获了成功。”

第五章

情商素养，为成长助力加分

一个拥有高情商的人，在日常生活中广受欢迎。而高情商是很难做到的吗？其实，学会调控自己的情绪，不让不良情绪影响自己的工作和生活；也不斤斤计较，交流中坦诚沟通，真诚有礼貌，发自内心地欣赏和赞美他人；遇到问题就事论事，及时分析问题，解决问题，不抱怨不气馁；正视自身优缺点，勇于担当……这些既是情商又是素养。

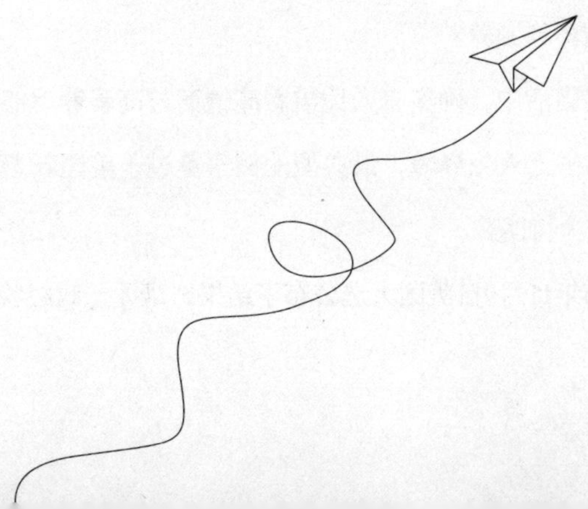

没有谁是天生的“情商王”

如果说一个人的脸是上苍所给予的面对世界的第一张名片，那么我们后天所修炼的情商与素养就是助力我们走向成功的第二张脸。

经常听到有人吐槽说，某某的成功得力于他的高颜值，这话虽然有失偏颇，但不可否认的是，这世上没有谁不喜欢对着一张赏心悦目的脸。然而马云曾经说过，如果这世上真的凭借着漂亮的脸蛋和聪明的头脑就能取得成功，那么应该有将近百分之七十的人都是成功者，可他们为什么没有成功？只是因为他们在成长的道路上缺失了两样最重要的东西——情商与素养。

现实生活中，确实有人凭借着高情商与高素养就能把自己或者是身边的人推举上人生巅峰，最典型的例子莫过于美国新晋总统特朗普的女儿伊万卡·特朗普。

2016年11月9日美国大选公布了结果，毫无从政经验的特朗普竟然真的把呼声最高的希拉里斩落马下，取得了胜利。众人哗然之余，有人直言，特朗普之所以能当选，完全归功于他的女儿伊万卡·特朗普。

跟特朗普的“愤青”特质、“网红”属性相比较，伊万卡有着截然不同甚至大相径庭的待人接物的方式。她非常清楚自己的身份，努力回避所有政治问题，相反，却会利用自己的高情商，温和地解答民众对特朗普的一些质疑，尽量把特朗普的某些不当言论的危害降至最低。正如特朗普曾经发表过一些对中国不太友好的言论，然后没过多久，伊万卡就在网上用中文演唱了一首新年歌，并诚挚地祝福所有华人新年快乐。

在外人看来，伊万卡是实实在在含着金汤匙出生的白富美，作为一个超级富二代，她肯定会接受最好的教育，从小就会在情商以及素养上有专人的指导，所以，她有今天的表现并不稀奇。然而，当我们了解了伊万卡所经历的一切就会明白，她的成功纯属是依靠自己的努力，在成长的道路上用所有的苦难来完善着自己的情商，去提升自己的素养，才有了今天的伊万卡。

虽说是真正的富二代，可伊万卡非常不幸地拥有一对真正抠门的父母。据说在她小的时候，妈妈坐了豪华头等舱，而让小伊万卡去坐经济舱。当别人家的小公主还在研究芭比娃娃换装的时候，伊万卡却在为自己的电话账单发愁，这导致她从6岁开始研究股票，试图用自己的双手赚来零花钱。

在伊万卡9岁的时候，父亲的情人登堂入室，成为当时报纸上最轰动的花边新闻。哥哥为了这件事几年都不跟父亲说话，而伊万卡却善解人意地提醒哥哥："你拥有了特朗普的显赫姓氏，就要接受他的负面影响。"

在伊万卡14岁的时候，她的梦想是做一名时尚模特，她也为此付出了极大努力，并且在17岁就登上了杂志封面。盛誉之下，伊万卡发现这并非她想要的，于是，她开始回到学校苦读，考入了赫赫有名的宾夕法尼亚大学，并于2004年拿下了学士学位。

伊万卡用自己的努力赢得了特朗普的关注，而她的高情商又紧接着为自己寻觅到了最适合的爱人。2005年，伊万卡因为工作关系，与贾瑞德·库什纳相识。贾瑞德的家族从事房地产经营，名气甚至比特朗普还要响亮得多。伊万卡的内心清楚，贾瑞德作为一个世家子是如何优秀。有一次面对采访，伊万卡对记者说："当我跟贾瑞德开始相处，我就知道这个人必须要成为我的丈夫，我并不觉得这一切会理所当然地降临到我的头上，但是我会争取，会把握这份幸运。"

伊万卡是如何跟贾瑞德最终成为眷属的，过程不用表述，只是伊万卡的情商和素养在两个人的恋爱中，起到了决定性的作用，最终征服了贾瑞德和他的父母。两个人于2009年在新泽西的特朗普国家高尔夫球场举行了盛大的世纪婚礼。现在，他们已经拥有了三个孩子，就连一贯嘴下无情的特朗普，形容起女婿来，都肯定地表示："贾瑞德是一个大气的男子汉，一个非常出色的女婿，我们的关系非常密切。"相信这对翁婿之间的关系，有伊万卡从中做纽带，自然是万无一失。但那时伊万卡的能力还没被很多人熟知，直至特朗普大选之时，人们才发现这个女人是多么厉害。

特朗普的妻子不太擅长社交，大多数时候都是伊万卡陪伴着父亲四处奔走，除了适时地补救特朗普在大选中的不当言论，生活中的伊万卡也利用自己的高情商与高素养，时刻告诉人们，特朗普家庭有着亲民的形象。

伊万卡会在餐厅中主动与顾客打招呼，与服务员合影，就连有的人在忘记带手机的情况下，伊万卡会亲自用自己的手机跟对方自拍，然后再将照片发给对方，以此赢得了民心。不得不说，特朗普的成功当选，伊万卡功不可没。

心灵悟语

可以说，情商和素养比脸蛋更重要，它们是我们一辈子安身立命、可以无忧无惧的资本和底气。国际知名专家、美国哈佛大学教授、著名心理学家琳达·兰提尔瑞曾经说过：“从一个人成长，到走向成功的过程中，智商作用只占20%，而情商素养的作用却占80%。”所以，成长的路途上，要时刻叮嘱自己，用心培养自己的情商，努力提升自身素养，因为也许好的家世不足以庇佑我们的一生，然而高情商与高素养却会惠及我们一辈子。

穷养富养，都不如有教养

现在的很多育儿观念都会宣扬女孩富养，男孩穷养，但从长远来看，不管富养还是穷养，都不如教出一个有教养的孩子。

“你要坐有坐样，站有站相。”在儿时，恐怕这是长辈们说得最多的一句话。看似是在纠正孩子们的行为举止，实际上，这已经是在初步地培养一个人的教养。其实教养涵盖的内容相当深奥，而行为举止仅仅是体现教养的一部分。茅盾在《官舱里》一文中曾经有过这样一句描写：“老者有一张颇为红润的脸，疏眉朗目，声音洪亮，加之顺手摸摸八字须的好姿势都表示了他的身份和教养。”由此可见，就算素不相识，一个人的行为举止所体现出的教养也会给自己加分不少。

教养不仅可以为他人带来好的印象，长久地坚持，并将其渗透进我们的一举一动，也会给我们的成长带来数之不尽的正能量。就如同那位出生于19世纪意大利的最著名的世纪老人艾玛·莫拉诺。有记者问她长寿的秘密，她笑着说："因为妈妈在我小的时候就时常教育我，可以允许你不优秀，但你不可以没教养。我想，可能是我的教养，保佑我活到了今天，并一直受到人们的喜爱。"

艾玛的一生其实是动荡的，她经历过两次世界大战，一次糟糕的婚姻，还有一次让她痛不欲生的中年丧子。然而，每一次生命中的重创都没有将她击倒，她一次次地提醒自己：我是个有教养的人，我不允许自己沉溺在痛苦中，继而沉沦、失态，我要永远得体地面对这个将我伤害得体无完肤的世界。她确实做到了。

美丽的艾玛出生于意大利的一个普通家庭，成年后的她嫁给了一个习惯家暴的丈夫，为此她苦不堪言，就连她在怀孕之际，丈夫对她也没有半点体恤之情，仍旧殴打她，导致她流产。如此不堪的境地，她却依然能够在山野间采摘下美丽的野花，插在窗口的玻璃瓶里，她觉得，在困顿的生活中，让日子留存一点体面也是种教养。

在艾玛38岁时，她终于鼓足勇气离开了那个粗鲁的丈夫，到一家工厂找到了一份缝麻袋的工作。工作虽然枯燥，可艾玛每天都把自己打扮得整洁、优雅，这让她在众多粗俗的女工中显得与众不同。而她得体的举止、善待他人的态度也引起了老板的注意，老板开始对她格外关照，甚至工厂里开始流传着她和老板的绯闻。艾玛找到老板，对他说："自己的人生幸福不想依附在某个男人身上，尤其老板还是个已婚人士。"老板并没有因为艾玛的拒绝就恼羞成怒，反而为了她的自尊自强越发地欣赏她，将她调去了别的部门委以重任，艾玛也因此在这家工厂工作到了退休。

退休之后的艾玛再不必为了生计忧心，可是严重的风湿病又找上了她，这种病不但让她无法长时间地行走，每到夜晚，钻心的疼痛更是让她咬碎了枕头的花边。可她从来没为此呻吟过一声，因为她怕影响其他人睡觉。

艾玛的坚韧和好教养让所有的医护人员对她肃然起敬，一个无权无势的老太太，每天会收到医生送来的鲜花，甚至护士们定时排班，每天换着花样为她梳头。就连她所在镇上的小书店，都特意开辟出了一个角落，售卖艾玛每日毫无章法的涂鸦。书店的负责人说："我知道艾玛画得并不好，可我们出售的是一个人对生活的热情，以及在磨难中依然坚守的那份尊严。"

心灵悟语

我们总说，一个人内心的丰盈和饱满程度决定了生命的厚度，而艾玛用她116岁的年纪在告诉我们，一个人用好的教养做生活的标杆，那么，教养决定的恐怕就是生命的长度。成长，注定了我们会遭遇各种难以预料的事和捉摸不透的人，也许我们没有能力去改变事情的走向，扭转他人对我们的看法，但是我们可以要求自己去做一个有教养的人。最有力的还击是无视，最深层次的较量就是我永远比你有教养。

不修边幅是一种礼仪的缺失

我们永远不能否认，人是一种视觉动物，欣赏美的事物是人类的本能，也是人的天性。就像现在电视剧里那些让我们怦然心动的男主，除了颜值高以外，他们翩翩的风度，他们仙气十足的打扮，无疑都是让人追剧追到欲罢不能的因由。

有人说，喜欢一个人要看他的内在，欣赏一个人要了解他的三观。的确，内在美和三观的一致在朋友之间、情侣之间、夫妻之间是非常重要的联系和纽带。还有与其他一些人的相处中我们也许没有时间去展示我们的内在，那么想要赢得对方的好感和尊重，整洁的衣着、良好的体态、从容的气质则是必不可少的硬件，否则就算我们才高八斗、学富五车，在不修边幅的外表下，就算对方不会以貌取人，我们也不得不承认，我们的做法是礼仪上的一种缺失。

《湄公河行动》中的彭于晏颜值算高吧？可就连他也曾经因为不修

边幅而有过好几次“败走麦城”的经历。

彭于晏出生于中国台湾，作为家里唯一的男孩，他无疑是最受宠的那一个，无论他吃什么、穿什么、做什么，家人都很少指责他或者纠正他，久而久之他养成了大大咧咧、不修边幅的习惯。在他13岁的时候，彭于晏随家人移民去了加拿大，加拿大人的爽朗随性融入了他原本活泼的性格当中，让彭于晏越发不拘小节。他又特别喜欢美食，不知不觉，就把自己吃成了一个体重68千克的小胖子。

当时的彭于晏在哥伦比亚大学学习经济，如果不出意外，他将来会是一个穿梭于世界各地的白领精英。然而2002年，彭于晏的外婆去世他回中国台湾奔丧，机缘巧合让他一脚踏进了演艺圈。

杨大庆导演那时正在为《爱情白皮书》选角，微胖的彭于晏被他一眼相中，从此开始了演艺之路，并且一炮而红。年少成名的彭于晏充满了自信，却从未想到一直被他忽视的某些细节会成为自己事业上的绊脚石。

那是2009年，彭于晏已经名声在外，他的粉丝提起他，都异口同声地说：“那小子真帅。”然而日子并非总能一帆风顺，不到一年的时间里，彭于晏的生活发生了惊天改变。先是和前经纪公司发生纠纷，大好的上升势头就这样被阻碍，他还要不停地去协调解除合约的细节。更让他头疼的是，工作的停摆导致他收入锐减。压力当前，彭于晏放弃了偶像包袱，用吃东西来缓解压力，胖了一大圈不说，也没有了悉心打扮的心情。

沉溺了一段时间之后，机会终于来了，一位知名导演想请他拍一部影片，彭于晏兴冲冲地赶去见导演，结果导演见了他的样子，无奈地挥挥手，把机会给了别人。同样的事情接二连三地发生。一天深夜，彭于晏再次接到弃用通知，看着镜子里自己不修边幅的形象，肉肉的脸颊，他好像终于明白了这到底是为了什么。

2011年，导演林育贤邀请彭于晏参加《翻滚吧，阿信》的演出，看了剧本后，彭于晏被阿信那不服输的个性所打动，既然一个人的形象就是自己的脸面，彭于晏打算为了自己的面子，再搏一次。

半年的时间，彭于晏进行了大强度的美体训练，在修饰打扮上也严格要求自己，对于服装穿着也不再随性，就连配饰也没有忽视。半年后，彭于晏凭借着《翻滚吧，阿信》获得了金马奖最佳男主角的提名，从那以后，他再也没有在形象上放纵过自己。曾经他以为穿衣打扮舒服才是硬道理，可现在，他明白了不修边幅是礼仪上的最大缺失。

心灵悟语

也许有人会辩解，古人曾经说过“腹有诗书气自华”，可如果让《琅琊榜》里的梅长苏脱掉他那养眼的貂皮斗篷，换上一款老式军大衣，拖沓而来，很难相信霓凰郡主会以为这是她等待经年的那个少年小殊。如果让《三生三世，十里桃花》中的夜华换上“犀利哥”的造型，深情地喊上一声“浅浅”，别说白浅，估计电视机前的观众都会接受不了。别去斥责这个世界总是以貌取人，毕竟光鲜整齐地出现在他人面前，对他人是一种尊重，对自己是一种礼仪，更传递着一种素养。

教养是你最华丽的一件外套

对于一个家庭最高的褒奖，莫过于夸他们家的小孩子有教养。这已经不仅仅是对孩子的赞美，而是对家长教育方式的一种肯定。然而在孩子的成长过程中，如何把他培养得有教养，这其实是个很难的命题。

有的家庭信奉“虎妈”“虎爸”，严格执行“棍棒之下出贤士”的教育方针，岂不知高压之下，会让孩子的内心留下难以磨灭的伤痕。前些日子《诗词大会》火爆荧屏，主持人董卿在诗词大会上展露出她深不可测的古诗词功底，让人叹为观止。面对记者的询问，董卿轻描淡写地表示，年幼时，父亲对自己超级严格。只这一句话，又让太多家长沸腾，准备回家拿出威严，期许孩子成为下一个董卿。然而他们可能忘了，在另一次访谈中，提起父亲的严苛，董卿潸然泪下，她哽咽着说：“如果可以重来，她不要做那个连照镜子都是罪恶，除了学习一切都是违规的小女孩，她渴望能穿着花裙子，下楼去玩玩。”

当然为人父母，也有着自己的压力和苦衷。现代父母，为了给孩子营造个好的生活与学习环境，常常累得疲于奔命。而教养，毕竟不会耽误高考，也不影响学分，谁会有那么多的空闲为了个与学习无关的东西去特意分心？其实真正的教养真不在于家长们无时无刻的谆谆教导，而在于以身示范。如果家长们自身教养足够好，哪怕他们穷得家徒四壁，仍旧会养出优秀的儿女。就像远在杭州的顾今昔，是一个只有1.33米的侏儒症患者，但他用博大的胸怀，鼓励女儿走出原生家庭的困境，成了全球最大的资产管理公司副总裁。

在20世纪40年代的某一天，杭州一个普普通通的家庭里，降生了一个男孩，取名为顾今昔，喜添麟儿原本应该是个喜庆的事，可随着孩子逐渐长大，他的家人却再也开心不起来了。顾今昔的身高永远定格在了1.33米，医生一纸侏儒症的诊断，像是晴天霹雳，让这个家庭从此再也没有了欢声笑语。

在顾今昔30岁的时候，一个眼睛有残疾的女人周宝英嫁给了他，他成了有家的人。六年后他们的女儿顾盼降生了，周宝英看着女儿忧心忡忡，她生怕女儿随了父亲，顾今昔安慰她说：“该来的躲不过，不如咱们全家笑着去面对，天大的难事，有我们一家人齐心合力地扛着，也不算是什么大事。”

一转眼顾盼上了小学，顾今昔去接她放学，总能听到同学对她有个残疾爸爸的嘲笑。顾盼很难过，不想让爸爸再去接她放学，顾今昔告诉女儿："女儿，别人嘲笑你的爸爸你是不是很难过？"顾盼点了点头。顾今昔接着说："那从此以后，无论你遇到什么事，都不要去嘲笑别人，因为她会像你今天一样难过，这不仅仅是一种教养，也是咱们做人的素质。"

顾今昔从不回避自己是侏儒症的事实，他的家住在二楼，每天他都早起把楼道打扫得干干净净，外出坐公交车时，也是他第一个站出来给老幼妇孺让座。邻居有事，他肯定会及时地出手相助，时间久了，顾盼觉得爸爸虽然矮小，可他并不难看，甚至还有些风度翩翩。顾今昔用实际行动告诉女儿，身材有缺陷并不可怕，而心灵的侏儒才是让人鄙视的。

顾盼在顾今昔的感染下，也成了一个自信、懂礼貌、有教养的孩子，并且以杭州市中考第一名的成绩被新加坡南洋女子中学以全额奖学金录取。

到了新加坡后，面对这座繁华的都市，顾盼有些胆怯和自卑，顾今昔感受到了女儿内心的惶恐不安，他经常打电话给女儿，告诉她："物质上的缺失并不可怕，你的教养与聪慧就是你最华丽的外衣。带着微笑和努力去看待陌生的世界，你就会得到相等的回馈。"

顾盼通过努力，以优异的成绩考取了美国斯坦福大学，而且还因为她的善良与教养，成了同学中人缘最好的亚洲人。

如今的顾盼已经事业有成，为父母买下了杭州最好地段的房子，保证他们的晚年生活衣食无忧。那些曾经嘲笑过顾今昔的人都对他刮目相看，可让顾今昔骄傲的不是女儿给予自己多少物质的回报，而是他能让女儿在清贫时，还能守着自己的那份教养和坚持，一直对生活和工作保持着昂扬向上的精神态度。

心灵悟语

王尔德曾经说过："有教养的人能在美好的事物中发现美好的含义。"这是因为这些美好的事物里蕴藏着希望。而我们懂得教养，并以之规范自己的行为，只是为了能让自己的生活越发和谐，用善意友好的言行举止去看待这个世界以及身边的每一个人。

别把贪婪粉饰为心动

贪婪和心动乍一看有些类似，然而在本质上却还有着很大的不同。名词解释中，心动的定义是指：心跳，突感不安，或者内心有所触动产生想做某事的念头。而贪婪则是：贪得无厌，不知足。贪婪和心动同样都是指内心产生想要的需求，但是两者之间的尺度只要差之毫厘立即就会谬以千里。想要把控好自己内心对贪婪和心动的分寸感，需要有极高的情商以及长期养成的好素养，如若控制不好，那么就会如同大连市的一位姓兰的软件开发商一样，将自己送入万劫不复的深渊。

说起这位兰姓商人的犯罪历程，就是由心动而起，直至掀起贪婪的波澜，最终欲壑难填。

这位大连市的软件开发商，原本是位白手起家，敢打敢拼，并且极具商业头脑的有识之士，可当他的软件公司顺风顺水地稳定下来之后，他的思想悄然发生着改变。眼前的利润已经满足不了他内心对金钱的渴望，他看着房地产商赚得盆满钵满心动不已，继而贪婪地想让自己也跻身房地产的行业。没有门路的他试图用金钱作为敲门砖，去结识那些对他有用的公务员。但最终，清正廉明的公务员并没有接受他的贿赂，反而他因为行贿罪受到法律严惩，身败名裂。

面对警察的审讯，他后悔不迭地说："其实我做错了一步，当我开始心动之际，把心动当成动力，合法经营，正规进取，那么也许我会为自己拼出另一片天地，而不是在贪婪之心的驱使下，变成了今天的牢狱之灾。"

所谓情商高，其实就是完全知道自己该做什么，不该做什么，而说什么做什么能让自己舒服他人也舒服，这就是情商高的最佳体现。而好的素养则是在日积月累中为自己树立起绝佳的品格，不贪、不占，三观正确。拥有好素养的人，很少在成长的路上行差踏错，误入歧途，因为他的素养会让他明确知道该怎样去规避风险，也会让他拒绝和三观不正的人有过于亲密的接触。

高情商和高素养并非一蹴而就，可是只要拥有，那么无论再怎么令人心动的美事摆在你面前，都不会令你产生贪婪的念头，就如同那个震惊了全世界的拥有两亿身价的穷人的故事。

这是报纸上的一篇刊载，说的是一位大名鼎鼎的英国贵族，他叫科林，也是第三代格林康娜男爵。在英国科林的产业和名声可以说是无人不知无人不晓。1958年，科林出巨资买下了马斯狄克岛，用尽半生的财力物力将小岛打造成了“遗落在人间的天堂”。

2000年的时候，老迈的科林雇了一个叫森特的用人来照顾自己的生活，森特是个十分憨厚老实的人，无微不至地照顾着科林。跟森特比起来，科林的家人可以说是不折不扣的败家子，他们整天花天酒地，肆意挥霍。他们接手了科林的酒店业和珠宝业，短短几年时间，就把这些产业挥霍得一无所有，科林一气之下病倒，于2010年病逝。

科林临终前立下遗嘱，将残留的1.7亿的遗产全部交由森特继承，森特一夜之间从一个护工，成为身价上亿的有钱人。可是科林的儿女们怎么可能轻易放过森特，他们找来小报记者混淆视听，一时间，风言风语顿起，老实的森特承受了莫大的压力，无奈之下只好把科林的财产分了一半给他的儿女们。

科林的儿子哈恩开始在岛上大兴土木，到处都拆迁得乱七八糟，他的理念是把这个小岛开发成昂贵的度假村，用来牟取暴利。不料当地政府通知哈恩，严禁在岛上过度开发，还罚了他500英镑，哈恩的钱已经都用在了度假村的建设中，没了钱的他只好丢下了满目疮痍的小岛逃之夭夭。整个英国提起科林留下的心血之岛，无不摇头叹息。没想到这时一个人站了出来，他就是森特。森特把科林留下的所有钱都拿了出来，将那些乱七八糟的建筑都拆得干干净净，按照当初科林的设想，把小岛重新改造成梦幻的模样。而且他坚守着这个小岛，不惜全家打零工来贴补生活。好多人主动上门想求购这个属于森特的岛屿，森特都不肯出售，他说：“这是科林留给我的，我就要保持住它原来的风貌，还原成科林喜欢的模样。”

就这样，森特成了世界上最滑稽的富翁，理论上他拥有着巨额财富，可实际上他仍旧身无分文。

家人为此哭过、骂过，也跟他抗议过，可森特说：“我是个穷人不假，可我有自己做人的原则。既然科林把小岛给了我，如果我要是把岛卖了，那就跟他的混蛋儿子一个模样，我也就辜负了科林对我的期望。”世人听到森特的回答无不汗颜，在今天这个物质金钱至上的社会，人们为了钱可以无所不用其极，偏偏有一个在人们眼中处于社会最底层的人，却用自己的高贵品格和素养，诠释着人性中最闪光的东西。

心灵悟语

不要做了错事以后，埋怨是物质或者金钱让我们心动，其实引我们误入歧途的是人性中的贪婪。而能遏制住这份贪婪的是坚守我们的底线，让好的素养去纠正我们的三观，去指引我们少做错事，用正能量去看待他人，看待这个世界。

学会说话，让所有人为你的情商点赞

不知道大家有没有过这样一种体验，深夜躺在床上，才会突然想起该如何巧妙回应白天别人对自己的诘问。可早已时过境迁，想起当时自己笨嘴拙舌、面红耳赤的样子，不免伤心懊恼，更是气愤自己当时怎么就那么不会说话。

人与人之间最常见的交流方式就是说话，而高情商往往就体现在你来我往的应答上。同一个问题，情商高的人回答出来让人如沐春风，而情商低的人则会导致周围集体冷场，人人脸上挂满黑线。而我们在青春年少时，更容易不注意说话方式，而给自己和朋友造成永久的伤害。

情商高的人，哪怕明知道对方在言语上为自己挖坑设限，也不会羞恼，而是会得体地把一触即发的场面给圆融成皆大欢喜的结局，让人不得不为他的情商点赞。

一次在朋友的聚会上，小刘带了自己的新女友去，席间有人打趣说："哟，小刘又换女朋友啦，上次带的不是这个呀。上次带的是个短头发的，这次是个长头发的啊。"大家以为女孩会很尴尬，谁知女孩也打趣道："上次就是我呀，几个月不见，头发长长啦。"那个嘴贱的人继续又问："上次那个女孩头发比我还短呢。"女孩不紧不慢地接上："我头发长得比较快呗。"瞬间大家都笑了，原本彼此都不熟，可在这女孩的带动下，气氛明显轻松了不少。

话说得好，不仅仅会化解尴尬，关键时刻还会为自己加分，所以在成长的过程中，提升情商，把自己修炼成为一个会说话的人，是每个人的首要任务。现在很多人会仗着青春，说一些不得体的话，还希望别人谅解，也许这些人最该做的，是好好想一想，话说了，于人于己有何助益。如若说出来的话，只会让大家以后讨厌你，那么，不讲也罢。

情商高不但能提升一个人的人气，更重要的是能让自己不陷入尴尬的境地。就如同主持了若干年《快乐大本营》的何炅，之所以能在光怪陆离的娱乐圈几十年屹立不倒，和他的情商高会说话有着莫大的关系。

杨幂第一次上《快乐大本营》的时候，还是演艺圈的菜鸟，只是《仙剑3》的热播让她有了极高的人气。《快乐大本营》有很多现场游戏，也正是这样的游戏环节，让观众为杨幂的表现捏了一把冷汗。

当时何炅提出了一个问题，让在场的女嘉宾用一种花来形容自己，为了给杨幂时间考虑，长袖善舞的何老师把提问首先抛给了谢娜，谢娜和吴昕回答完后，何炅等待着杨幂的回答，结果杨幂答出了"野花"二字。这个雷人的答案一出，所有人都哄堂大笑，何炅顺势唱出了邓丽君的《路边的野花不要采》。一首歌完毕，何炅问杨幂："为什么要给出这样一个答案？"杨幂笑嘻嘻地回答："因为家花没有野花香。"何炅的高情商立即体现出来，他解答说："幂幂之所以这么说，是因为她觉得在温室中长大的花朵，不如在片场的风吹雨打中磨砺出的女孩子有魅力。"高超的解答，让现场掌声雷动。

还有一次是代表上海戏剧学院的蒋劲夫和中央戏剧学院的郭炜一起来上节目，何炅请大家大声说出各自学校的优点和缺点，以及特色。中戏的郭炜先说，其实从他的表现中能看出他很爱自己的母校，但当时的他毕竟稚嫩，又没有什么出名的作品，只说出了自己的学校出过多少的名人，又说学校的环境设施不错。现场却忽然爆笑，郭炜懵了，随即说出自己学校的饭堂好，还有常青藤。大家继续笑，而郭炜越发地控制不住场面，紧接着说出，我们学校在南锣鼓巷，那是在二环。当时的场面几乎人人都在哄堂大笑，何炅立马接了一句："郭炜之所以说得这么详细，是因为他爱他的学校，想把学校的所有细节讲给大家听。"郭炜使劲点头，何炅又一次用自己的高情商化解了新人的尴尬。

如果说何炅是因为久经沙场才练就了高情商，说话滴水不漏，那么当年作为新人的李易峰，也用话语展示了他超高的情商。

有一次，李多海和李易峰同上一档节目，那时的李多海可以说是红遍亚洲，而李易峰只不过是个刚崭露头角的新人。李多海虽然是韩国艺人，汉语却说得相当流利，而且就连一些俚语和网络用语都运用得当。当时因为游戏需要，主持人问李多海觉得选谁做搭档玩游戏的话会输，李多海想都没想，直接指向李易峰。主持人觉得奇怪，问：“为什么？”李多海笑着说：“因为他会故意输。”其实这句话里暗藏着一个梗，当时正值伦敦奥运会，有两件事在当时引起了轰动，一件是韩国队员在击剑比赛中，输了不肯退场，哭哭啼啼，结果被奥委会给予了人道主义精神奖。主持人在节目伊始曾经用这个话题作梗，对其他人说：“你们输了可以坐下哭呀，哭了会奖励你一朵小红花。”李多海作为韩国艺人，大概心中不满，可又不便发作，于是，她选中了李易峰，说他会故意输。这暗讽女子羽毛球赛中国被取消比赛资格事件，说中国有故意输球的嫌疑，所以，李多海用这个指向李易峰来对主持人进行反击。

这么关键的时刻，大家都不知道李易峰该如何作答，李易峰铿锵有力地回答：“我们这里没有黑幕。”李易峰的迅速反应引发现场欢声雷动，一个绵里藏针，一个掷地有声，这一场精彩对决也让李易峰瞬间圈粉无数。

心灵悟语

情商高代表的是说话得体，有礼有节，能给自己解围又让他人不至于尴尬，而不是怼人不倦，在口舌上占据上风。这里面的尺度很难拿捏，并非可以一朝练成。好在成长之路是一个漫长的过程，只要认识到说话最能代表情商这一事实，经过不懈的努力和练习，将来肯定会成为得体有分寸的高情商达人。

倾听比说话更重要

尼采曾经说过一句话："谁将声震四海，必长久深自缄默；谁将点燃闪电，必长久如云漂泊。"而在功夫片中，武林泰斗最常说的一句话就是："胸中有剑，手中无剑，才是最高境界的武功。"

成长过程中，我们要学会很多技能，例如说话的技巧、处世的分寸，但我们最先学会的，应该是注意倾听，因为很多时候会听比会说更重要。

生活中喜欢讲话，善于讲话的人太多，有很多人把讲话当成了表现自己能力的方式，所以无论哪种场合，急于表达自己，拼命讲话的人确实不在少数。有讲话的，自然就要有捧场的，否则难免生出"孤掌难鸣、知音少，弦断有谁听"的孤寂感。这种时候，当有一个人肯专注地去倾听，适时地给出意见，那么无疑他会给诉说者留下难以磨灭的印象。当年还年轻的柴静，据说就属于性格特别温婉的女孩，而且她最大的优点就是善于倾听，才给诸多行业翘楚留下了深刻的印象，并且这一优点才得以助力柴静在以后的日子里完成了她的梦想。所以说学会倾听绝对是件好事，它不但可以藏拙，还能让我们在倾听中学会很多自己不太了解的知识，最终成就自己。而且现实生活中，更有一些善于倾听的女人，在倾听过程中，无形地改变了自己的命运，就比如说嫁给大亨刘銮雄的甘比陈凯韵。

刘銮雄作为香港富豪之一，算得上是白手起家的典范。在1973年的时候，他凭借着手里仅有的1.7万元港币与22个工人，创办了爱美高公司，然后又凭借着敏锐的嗅觉和强大的经商能力，仅用两年时间，就拥有了上万名员工，公司年利润上千万。刚刚28岁的刘銮雄以一个亿的身价登上了福布斯排行榜。

随后的刘銮雄杀入股市，并将业务扩展到了地产、传媒、建筑、制造业等多个领域，从此跻身福布斯排行榜的前十。随着刘銮雄与妻子宝咏琴离异，谁能嫁入刘家豪门成了香港人的热议话题。

刘銮雄在出差之际，认识了在专卖店做营业员的吕丽君，欣赏之余送她入学深造，并且包揽了所有学费，此举让吕丽君从此以刘銮雄女友自居，行事作风高调，不可一世，一时间风头无两。而这时一个长相一般的女记者出现在了刘銮雄的眼前，她就是甘比。

两个人的相识来自一场正常的采访，甘比作为记者拍照距离刘銮雄太近，刘銮雄指责她，她竟然笑着说："你可是怕我把你脸上的痣拍得太大？”刘銮雄勃然大怒，认为甘比不尊重他。然而让人万万没想到的是，这两个人竟然在以后有了交集，很多人发现老老实实的甘比下班竟然有豪车接送，而开车的人更是令人瞠目结舌，竟然就是刘銮雄。当时绯闻四起，作为记者的甘比遭到同事的追问，她一直三缄其口不做回复。

一开始吕丽君根本没把甘比放在眼里，可随着时光的流逝，她才知道自己轻视了这个其貌不扬的女孩。吕丽君自视甚高，经常代替刘銮雄发言，弄得一些不当言论街知巷闻。刘銮雄怒不可遏，可这时面对他的甘比却默默地听着他的抱怨，并适时地递上一杯香茶。

如果说善于倾听是有力量的，那么甘比倾听的力量在刘銮雄心中就无限大。2016年11月15日，刘銮雄正式与甘比陈凯韵登记注册结婚，并赠予她上百亿的资产，就此甘比从一个小小记者成为全港最富有的女人。

曾经有人问过刘銮雄，甘比到底哪里优秀，刘栾雄则回答：“能说会道的女人我见得太多，可身边能倾听我讲话听了十多年不打断的，只有甘比一个。”

心灵悟语

我们经常会听到四个字——“多说多错”，说的也就是言多必失。在与人相处时，如果不知如何作答，如何迎合，不如就笑笑倾听，这实际上也是一种绝佳的处世智慧。如果说，情商素养体现在各种行为上，那么，善于倾听则是这些行为的最高级别。

谦虚低调，才是成长中最应该拥有的智慧

微信自从出现就受到了年轻人的热捧，甚至有人说它将来的用户人数会赶超QQ。微信最大的优势就是寻常大众，芸芸众生在朋友圈这个功能中，俨然找到了一方属于自己的舞台，每个人都开启了“演员模式”。

平日里看似正襟危坐的上司，在朋友圈中展现出了幽默接地气的一面；街头巷口修鞋的老王头在朋友圈里也可以诗词歌赋吹拉弹唱无所不能，获得点赞无数。

没人说这种展示不好，平常人找到一个可以放飞自己的所在也算是一个寄托。可对于成长中的年轻人来说，如果管理不好自己的心态，玩着朋友圈也可能在内心深处生出了炫耀的膨胀之心，浑然忘却了谦虚低调才是成长过程中最应该拥有的品质。

蔡明曾经在一个访谈节目中说过，她儿子小的时候，特别愿意别

人知道他是蔡明的儿子，觉得被人关注是一件很骄傲的事。蔡明屡次劝他做人要谦虚低调，否则不利于他的成长，可孩子不听。于是蔡明在儿子出门的时候，偷偷地在他衣服的后背贴了一张纸，上面写着我妈是蔡明。结果孩子回来后万分气恼，他表示自己不但被围观，还被人问长问短，本来和小伙伴们相约去游园，结果什么都没玩上，灰溜溜地回来了。儿子表示，以后再也不高调了。这一件小事，也直接说明了高调、不谦虚除了会干扰自己的生活，真是一点好处都没有。

通过接触我们会发现，真正有本事或者有能力的人，大多十分低调而且谦虚，甚至非常谦和。接触这种人会让人觉得如沐春风，也让人感慨一个人的成功是有理由的。而能把谦虚低调处理好的人，无疑都是具有大智慧的人，也可以说是情商、素养都相当高的难得人才。

第一个在美国开中餐厅的人是一个中国女人。美国前国务卿基辛格、意大利歌唱家帕瓦罗蒂，甚至连丹麦国王都是她餐厅的骨灰级粉丝，可却没有一个外国人知道，这个和蔼可亲的女人是江苏无锡一个曾经拒绝过蒋经国求婚的传奇女子。

她叫江孙芸，原名孙芸，生在大户之家，她的家人对吃都特别讲究，就连早餐也从不曾草草对待。在这种家庭环境的熏陶下，江孙芸从小就对美食特别敏感。在她22岁的时候，日本人占领了北平，她逃难来到了重庆，为了躲避蒋经国的求爱，她嫁给了一个很穷的教书先生，随后跟着先生来到了美国。“二战”后的美国，没有中餐厅，而江孙芸一家人又实在吃不惯汉堡、薯条、牛排，经常是一到吃饭的时候，孩子哭，大人闹，原本是最温馨的时刻，却怨声载道。

一次，江孙芸的好朋友托她在美国找一家店面，想要做生意。江孙芸垫付了一万美金后朋友却未能成行，而租金又不可能退还，江孙芸灵机一动，想，不如自己直接开个中餐厅算了。当时身边的朋友和她的丈夫都惊呆了，因为江孙芸可是实实在在的大小姐，怎么能去干这种抛头露面伺候人的活。

江孙芸则警告大家，谁也不许说出自己的身份，从今往后自己就是个开小饭店的老板。就这样，没过多长时间，一家叫作“福禄寿”的酒家开始营业了。

当时的江孙芸英语都不过关，对开饭店更是一窍不通，就连一个简简单单的菜谱她都写不好。比如中国最常见的红烧狮子头，她给翻译成了“烧红了的狮子头”，那些外国人吓得大叫，说她伤害了动物。而鱼香肉丝更是让那些外国人纷纷投诉，你的菜名有鱼，可菜里却连根鱼刺都看不见。江孙芸简直哭笑不得，不得不一一为客人讲解。尤其当驴打滚被她翻译成“翻滚的毛驴”而引起客人报警，说她虐待动物时，江孙芸已经有些绝望了，她觉得自己真的不太适合开饭馆，还是关闭算了。

但后来，亲人和朋友都鼓励她，江孙芸最终咬牙挺了过来，饭馆的生意越来越好，而她穿着一身旗袍的身影，总是会出现在客人身边，微微地弯下腰，为客人讲解每一道菜的用料以及味道。

一天有几个华人来吃饭，一眼见到招呼自己的竟然是孙大小姐，惊讶得语无伦次，而江孙芸却微微一笑，为客人递上菜谱。这几个华人小声说：“这些小事您何必亲力亲为，只要您报上自己的名号，何愁赚不到大钱。”江孙芸则笑着说：“那些虚名还提它做什么，我现在只是一个普通的老板娘，请您点菜。”

有一次著名的华裔作家黎锦来店里吃饭，他感叹店里的美食，更感叹江孙芸的身份，回家后感慨万分，跟自己的朋友著名的专栏作家赫搏讲了这个秘密，赫搏让这个故事见诸报端，从此这个叫福禄寿的饭店声名鹊起，成了当地响当当的招牌，而一些名人都成了饭店的拥趸，频频捧场。而让这些名流自在的是，这里的氛围保持着和老板一样的低调，在这里没人在意他们那些辉煌的头衔，而只当他们是些平凡的食客，一个漫不经心吃着蒸饺的顾客，也许他就是哪个国家的国王。

心灵悟语

老子认为“兵强则灭，木强则折”。老子这种与世无争的谋略思想，深刻体现了事物的内在运动规律，已被无数事实所证明，成为广泛流传的至理名言。盛名之下，其实难副，在积极求取的成长之路上，不妨思及老子倡导的人生态度，明了知足常乐的情趣，捕捉中庸之道的精义，稍稍使生活步调快慢均衡，以谦虚低调作为行事之本，才不易陷入过度虚荣的生活陷阱。

第六章

踏踏实实规划美满人生，打破迷茫魔咒

人生总有一个阶段，陷入迷茫的境地，好似看不到希望，进而掉入一种低沉的情绪中。而打破迷茫的关键，是问问自己的内心，想要什么样的生活，踏实规划自己的人生，并有所行动，因为唯有行动，才能解除所有的不安。

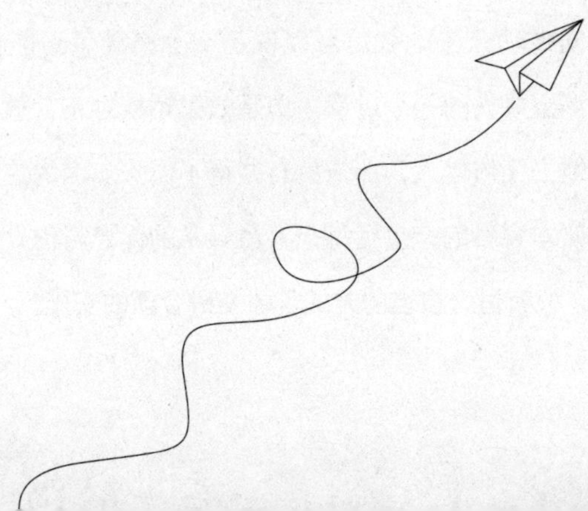

每一个成功的人，都是合理规划时间的天才

在这个世界上，有多少成功人士，就有多少值得借鉴的成功奋斗史。我们每个人都渴望成功，也想吸取别人成功的经验，于是，模仿便成了我们走向成功的敲门砖。

正如上高中的时候学习英语，是不是也曾试过像某位高考状元所提议的那样，将单词贴在茶几、案头，有空就反复诵读；学习写作，也曾经按照某位大作家的习惯，时刻在口袋中装有纸笔，把临时想起的金句记录下来。

其实对成功人士的效仿可以说是一个充满了正能量的举动，是寻求上进、渴望成长的一个过程。但是如果矫枉过正，放弃自己的生活习惯，一味地去模仿他人，那未免有些得不偿失。因为这世上没有什么是可以完全照本宣科的，包括每个人最寻常的作息习惯，我们要始终明白一个道理，只有适合自己的方式，才是最合理的安排。

学会合理地安排时间，是人生成长过程中最重要的一个步骤，也是我们走向成功之路的最初级的一个起点。学会合理地安排好时间，往往就像是拥有了点石成金的金手指，不但会让自己的生活焕然一新，还会带来意想不到的奇迹。正如广袤干旱的沙漠，也因为有了人的规划，而最终成为一片人人留恋的绿洲。这个故事的主人是远在美国加州的露丝·班克罗夫特夫人，就是她合理安排了细碎的时间，慢慢地将气候干燥、植被稀少的奥克兰桃溪镇，改造成了一处绿草如茵的伊甸园。

2011年，《太平洋园艺》杂志将奥克兰桃溪镇评价为“美国西海岸最具意义的私人花园”，而这个花园的缔造者，正是已经109岁的露丝·班克罗夫特夫人。她因用她若干年的坚守，打造出了梦想中的花园而名扬海外，也实现了她多年的梦想。

1908年，露丝出生在马萨诸塞州波士顿市，她年纪很小的时候跟随着爸爸来到了加州，和别的女孩子喜欢洋娃娃、公主裙不同，小小的露丝只喜欢摆弄花花草草。1926年，长大后的露丝进入大学学习建筑，想用自己的巧手装点整个城市，然而经济大萧条的爆发，让她的愿望彻底落空。

1939年，露丝结婚了，跟随丈夫搬到了农场中生活。400亩的农场像是一幅等待涂抹的画卷，就那样猝不及防地在露丝面前徐徐展开。露丝在农场中养育了三个孩子，丈夫又勤劳能干，日子慢慢开始富足。露丝央求丈夫，自己在做完家务的时候，可不可以干些自己想干的事，丈夫应允。于是，露丝开始了自己的园艺生涯，她立志要把这个空旷单调的农场打造成人间最美的花园。

露丝在农场中开辟出了大块空地种植各种花草，玫瑰、百合，甚至还有一些香料植物在这里争奇斗艳。20世纪50年代，露丝一时兴起，买下了流行到现在的一种植物——多肉石莲。露丝回忆说，当时一位女士搬家，正在出售家里的旧物，露丝闲逛到此，选了一株石莲回家，随后，她开始迷上了多肉植物，一发而不可收。

因为加州干旱，好多植物都难以存活，而像仙人掌、多肉类植物不但容易存活，还不需要大量的水来供养。于是，露丝开始为之痴迷，花了大把的钱把这些植物搬回家，而她对植物的迷恋，引来了家人的不满。

孩子们抱怨衣服不如以往光鲜，经常堆在浴室无人洗；工人们也都吐槽，说是原来热腾腾的美味三餐，现在竟被面包牛奶等粗糙食品取代，老板娘到底在做什么大生意？丈夫听了这些言语，终于决定跟露丝谈谈，劝她放弃摆弄这些花花草草。露丝哀求丈夫，给自己一点时间，自己从今往后肯定合理地规划好时间，在保障家务的同时，再去做自己喜欢的事。丈夫嗤之以鼻，冷冷地说："我不相信你可以做到兼顾。"

露丝经过认真考虑，在小本子上记录下了自己的作息时间表，她每天五点起床，将早饭做好放在锅里，然后去照顾花草。七点等家人起床时，她把早餐端上桌，与此同时，她还会把一盆绿油油的植物摆在餐桌上，让家人在享受美食的同时还可以欣赏绿植，让一天都充满好心情。

等家人都去上班、上学，露丝会把衣服和房间都清理好，把午饭预备出来，再用一个下午的时间去修整自己的花园。

1971年，已经63岁的露丝在丈夫的支持下，终于正式地把农场规划为整整齐齐的园林，她跑遍了美国各处的花圃，去寻找适合沙漠种植的植物，并将其移植到自己的花园里。没有种植经验的她，在这几十年里可谓是吃尽了苦头，甚至还有过整个花园中的植物因为管理不善而全部死亡的经历。63岁的老人，看着自己几十年的心血毁于一旦，跪在园中悲伤痛哭。可她并没有就此放弃。振作起来的露丝开始苦学园艺知识，在20世纪90年代，终于重建了属于自己的沙漠绿洲。

2015年，露丝种植的一株玉兰绽放出了雪白的花朵，在加州这个地方，这是唯一一株开花的玉兰，引起了当地的轰动，来参观的人络绎不绝，甚至记者和电台都对这个花园大肆报道。没有人能相信，这个叫露丝的老人已经109岁了，她不但把自己后半生的时间都奉献给了这个花园，还将整个家族的事情都打理得井井有条，露丝说："想要成功，其实每一个进步都是漫长的，可只要学会合理地规划时间，我坚信，沙漠中也可以开出娇艳的花朵。"

心灵悟语

陶渊明曾经用"及时当勉励，岁月不待人"的诗句来勉励我们，时不我待，抓紧珍惜。每个人的时间用在哪里都是显而易见的，成长路上，合理规划时间达到了露丝这样的境界，那么相信无论是谁，都会取得某一领域上的巨大成功。

只要努力，小格局也能成就大人生

成长注定要面临着一次次的选择，而每次选择几乎都决定着未来的人生走向。“面朝大海，春暖花开”可以是诗人海子的选择，孤身一人浪迹天涯也许是作家三毛的选择。但每个人生存的时代已然不同，作为芸芸众生中的一员，我们拼不了爹妈，人生的起跑线已经是注定的小格局。那么，又如何选择自己的人生，才能成就大人生？

如果说选择是成长道路上我们一次次重塑的过程，那么不断地完善自己，让小格局成就出大人生可以说是每个人应该对自己的定位和规划。别忘了李嘉诚没成首富之前，也无非是个走街串巷推销塑料花的小业务员，而王永庆最早也只是个卖大米甚至替人扛米入户的小贩。不要去轻视任何一个人的开始，哪怕再小的格局，只要心中有梦想，通过踏踏实实的努力，一样可以成就大人生。就如同90后的一个新疆小伙子刘江，他原本就是个饭馆的面点师，谁能预料到若干年后，他会成了“极限摄影”的顶尖高手，一年拍摄作品五十余部，成就了自己百万富翁的梦想。

刘江是新疆阿克苏人，高中毕业后，酷爱体操和酷跑的他被家人送去厨师学校学习面点。毕业后，刘江应聘到成都一家酒店的后厨去做甜点师，每天围绕着鸡蛋、面粉、糖霜打转的他觉得这一切都不是自己想要的。

心中郁闷难解，刘江会在下班后到行人稀少的街上去跑酷，甚至有时候会把自己跑酷的视频录下来，发到朋友圈给大家欣赏，这也成了他排解内心苦闷情绪的一种方式，既锻炼了身体，又释放了压力。

2013年，刘江的机遇就这样出现了，一位电视台的编导无意中看到了刘江跑酷的视频，非常赞赏他的能力，于是问他可不可以做编导。利用自己的特长，拍出精彩的片子？刘江欣然应允。为了出色地完成任务，刘江开始恶补编导知识，一边工作一边充电，他利用酒店不太忙的时间段，看完了一万多部纪录片，并且接到了第一份工作，替红牛饮料拍一部动感的宣传片。刘江自己就喝红牛，也深知在一些极限运动中，红牛是大家都钟爱的一款运动型饮料。于是，刘江利用自己的年轻理念，为红牛打造出了一部精彩的宣传片，并得到红牛企划的好评。

从那以后，刘江在业内声名鹊起，于是他放弃了稳定的酒店工作，全力投入到极限摄影这个行业。用刘江的话说，当时他遇到的最大阻力就是来自家人的反对，家人觉得他在酒店风吹不着雨淋不着，每个月的工资比白领都高，何苦去吃什么极限摄影这碗饭，辛苦危险不说，也根本没什么保障。可刘江就是不信邪，他觉得自己还年轻，就算是这行真的不适合自己，大不了还回酒店做甜点，趁着年轻再不闯闯，老了可就没有机会了。面对家人的担心，刘江拍着胸脯保证，一定好好努力，肯定不让家人操心。面对刘江的千般保证，家人没办法只好选择了默许。

刘江所接触的客户都是业内响当当的品牌，给出的价格自然不低，然而高价格肯定有高难度做依托，刘江为了事业的付出也让同行为他捏了无数把冷汗。因为要近距离地拍摄运动的美态，刘江必须带着摄影机贴身跟在运动员附近工作，比如要拍摩托车飞驰下山，刘江就得扛着摄影机在预定好的线路不停地狂奔抓拍，这样才能拍出最好的效果。尤其2014年的一次遇险，更是让刘江终生难忘。

那一次是要拍蒙古汉子张树鹏在昭通鸡公山进行的一次超低速飞行，刘江一行人早上七点多就从山谷出发，山路崎岖，要迎着六十度的斜坡上下，这个路段根本就没有所谓的路，只能手脚并用地匍匐着爬在山坡上，再加上海拔4000米的高度，携带沉重的设备，刘江一度差点坚持不住。有好心的农民特意弄来了一匹马，想要刘江骑在马上休息一下，然而宽度不到两米的悬崖山路，双脚离地骑在马背上的刘江更是心惊胆寒，只要稍微有点差池那肯定是尸骨无存。好在刘江顺利地完成了任务，可是当家人看到这个宣传片，却都难过了，他们都知道自己的孩子为了拍好这个片子，付出了什么样的代价。当时刘江的父亲问他：“值得吗？”刘江笑着说：“这是我对人生的规划，也是我最想要的，为之付出什么都是值得的。”

2016年，有人找到刘江，要拍摄一部徒步去北极的片子，所有人都不想让刘江去，可他还是接下了这个任务。刘江的父亲拍着桌子对着刘江喊：“你这不是工作，你这就是找死，我看你是活腻了。”

北极零下四十多摄氏度的天气，让刘江每呼出一口气都瞬间变成了白霜，脚上穿了七双袜子，可还是冻得瑟瑟发抖。整个脸都是紫色的，双手也冻得硬邦邦的，再也不听使唤。最终当他完成工作回到家乡以后，看着家乡的艳阳，刘江哭了，他说他以为他要死在北极，真的回不来了。

刘江总结这份工作时说：“毫不夸张地说，我们有时候确实面临着死亡的风险，可是我觉得我能行，虽然我曾经仅仅是个酒店的甜点师，可我将来会是国内最好的极限摄影师。”

如今的刘江红了，火了，他的成功让所有认识他的人都对他刮目相看，觉得他完成了不可能完成的事，而刘江则说：“英雄莫问出处，格局决定不了人的成败，小格局同样通过踏踏实实的努力，得到成功的人生。”

心灵悟语

脚踏雨后的大地，也许会沾染上泥泞，但是凡事有利有弊，成长之路在泥泞中走过，磨砺的也许是青春，可收获的却是洗净泥泞后的光彩。每个人在成长过程中所经历的苦痛，最后终将如同打磨过的钻石，用不同的体验幻化出不同的棱角，但每个棱角都折射出七彩的光环。

发展有益的爱好，用它来为成长加持

董卿说，人的生命不是指活了多少日子，而是自己记住了多少时光。

在成长的过程中，经常会听到有人说出这样的话：“别把爱好当成工作，爱好能变成钱？爱好能养活你一辈子吗？”确实在很多时候，需要分清工作和爱好。爱好之所以是爱好，除了跟金钱利益瓜葛很少以外，还有很大的原因是因为这是真心所爱。在爱好面前，人们会因为兴趣而达到完全放松继而忘我的境界。所以也经常有人会觉得工作是安身立命之本，而兴趣爱好简直等同于玩物丧志。

但不可否认的是，这世上确实有人可以将爱好和工作合而为一，并且干得有声有色，让人不免惊呼，天啊，他还会干这个。而大部分人都保持着工作是工作，同时也有一两个爱好来调剂生活，觉得这便是不错的状态。

如果一个人能找准自己的爱好，并且用它来为自己的成长加持，久而久之会发现爱好不但不会拖慢进步的脚步，反而会为成功助力。就像提到佟大为，估计谁都会说，认识啊，他不是一个明星吗？可他还有一个隐形的身份，那就是微博上被网友戏称为“佟大食堂”的美食家。甚至经常有很多佟大为的粉丝说，自己之所以喜欢佟大为，不是因为他是一个演员，而是看了他在佟大食堂上发布的美食心得，才终于成了他的粉丝，而且发誓要对他一追到底。有记者问佟大为：“有没有想过自己会因为发布美食而在微博爆红？”佟大为憨憨地笑：“美食是我的爱好，电影是我的事业，美食和电影在我心里所占的位置同样重要。可我也真的没想到，竟然会因为这个小爱好，收获了那么多粉丝，这也算是意外之喜吧。”

说起佟大为的美食爱好，不得不提起他的童年经历，原本佟大为和所有小孩子一样，也有一个幸福的童年，然而在他6岁时，爸爸因为一场意外躺进了医院，成了植物人。妈妈为了照顾爸爸，整天奔波在医院和家庭之间，佟大为和姐姐常常啃着干面包就算是吃了一餐饭。一天，姐姐流着口水对佟大为说：“我想吃妈妈做的土豆丝。”佟大为心疼姐姐，回忆起妈妈做菜的步骤，6岁的年纪，硬是炒了一盘缺油少盐的土豆丝，姐姐却吃得很香很香。从那时候起，佟大为小小的心中就有了一个感受，能为自己喜欢的人做菜，看着她吃，是非常幸福的一件事。

长大后的佟大为有了心爱的女孩，那就是后来成为他妻子的关悦，当时追求关悦的人很多，佟大为并不是最优秀的一个，可有一次关悦说她想吃火锅，为了找到朝阳区一家好吃的重庆火锅，佟大为开车带着她竟然走走停停，找了两个多小时，关悦当时心里很不开心，她觉得不就是一顿饭嘛，这个男孩太较真了。可没想到在吃饭的时候，佟大为淡淡地说："不是我对食物太过执着，而是美食和爱情一样，绝对不能将就。"关悦看着这个认真的男生，终于决定将此生托付给他。收获了爱情的佟大为此时事业上也小有名气，他闲暇时的娱乐就是在微博上把自己这么多年对美食的心得分享给粉丝，于是，才有了"佟大食堂"这个称号。

从佟大为更新微博的频率上，就能看出他是个认真的人，无论什么时间，他总是认认真真地把自己刚吃过的菜给大家仔细讲解，更是常常有生活中的小窍门在字里行间出现，比如：丸子里加点马蹄会解腻，兰州拉面配当地的牛肉才相得益彰，北京最好吃的物美价廉的面馆在哪里……久而久之，他的粉丝甚至有些都没看过他演的电影、电视剧，却都吃过他推荐的菜，演艺圈的同行打趣他说："不想做一个好厨师的演员不是好演员。"

正因为对美食的热爱，并且也善于做菜，让佟大为因此结缘了无数朋友。与他共同拍戏的王丽坤就曾经爆料说，佟大为见剧组里的伙食比较粗糙，竟然把自己的佟大食堂搬进了剧组，每天按照大家的身体情况合理安排饮食，让每个人的身心都得到了滋养。戏拍完了，剧组解散了，竟然有人惦记着下次还有没有机会跟佟大为一起拍戏，好享受他的美食。甚至哪个剧组缺少男演员，都有人流着口水跟导演力荐佟大为，一再地表示，让他来演吧，他不但戏演得好，还会安排菜谱，有他在，咱们整个剧组的人就都有口福了。没想到，佟大为的这个小爱好竟然还为他争取到了角色，辅助了他的事业。

佟大为总结说："做饭其实就是个小火慢炖的过程，细想想，我们的事业，我们的家庭都是如此，都是一个日积月累才会迸发出香气的过程。当我的菜越做越好，我的事业也就随着做菜的过程在逐步提高。而我跟我家人的感情，也在这氤氲的烟火气息中，越来越亲密。"

曾经有记者采访了好几位著名的导演，让他们对佟大为做出评价，几乎众口一词——好演员、敬业、会做菜、暖男，佟大为对自己身上这些标签很是欣慰。所以说，别怕为爱好付出太多时间，只要这种爱好是健康的，有益的，那么，就大胆地去爱好吧，那不仅能给你带来更多的人生正能量，还可能为你的成长保驾护航。

心灵悟语

珍惜每一个自己喜欢的、有利于自己成长的爱好，不要急着去扼杀它们。无论到什么时候，好的爱好都不会是成功路上的绊脚石，相反把爱好当成第二职业，它反而会激发出人的无限潜能，最终帮助每个人成就心中的梦想。所以在规划事业的时候，不妨把爱好也规划进去，有很多时候，好的爱好反而更能积累人脉，成为事业的好帮手、成功的试金石。

不惧逆境，做坚强的追梦人

为什么有那么多人相信星座，甚至痴迷到每周都会去关注运程？又为什么有那么多人会相信算命卜卦，用一颗虔诚的心祈求的眼神，盼望能从对方的嘴里说出自己想要的结果？其实不是内心有多么相信，只是每逢遇到坎坷，人们总希望能逢凶化吉，或者借助外力来给灰暗的内心带来几许生机。其实，每个人都知道，任何困难到最后都得自己去面对，任何危机，也都得靠自己去化解。

远在陕西咸阳淳化县的一户农家，就有着这样一个女孩刘阿娟，在父亲被确诊为肺癌，医生宣判老人家可能只剩下半年时间的情况下，她放弃了光明的前程，回到家里，用自己稚嫩的肩膀挑起生活重担，给这个家，甚至给整个村子，带来了一片生机。

2013年的5月，28岁的刘阿娟作为在北京的见习记者，正在办理入京的户口，这可是多少人梦寐以求的机会。正当她沉浸在马上就要成为北京人的喜悦之中，一个电话让她美丽的心情瞬间跌入谷底。父亲病了，肺癌，医生说已经没有什么治疗的必要，让病人安心走完最后的时光才是家人需要做的事。刘阿娟看着唉声叹气的父亲，看着这个从来没享过福，却要离开自己的父亲，她哭了。可父亲却提醒她："有功夫回老家帮爸爸看看苹果园。"

苹果园是刘爸爸一生的希望，全家老小的吃喝用度全靠卖苹果挣的钱，最近几年红彤彤的苹果销售不出去，刘爸爸整夜整夜地抽烟，蹲在果园里唉声叹气。刘阿娟觉得爸爸的病症也许就是从这上而来。

把刘爸爸接出院后，刘阿娟做出了一个决定，放弃北京的户口、工作，回家照顾爸爸，也看管那个全家赖以生存的果园。

回到老家后，刘阿娟打算用自己的学识重新打理果园，她开通了互联网线上销售模式。去掉中间商的销售环节，把新鲜的苹果直接送到消费者手中。老实巴交没文化的乡亲都不觉得这是个好办法，他们对刘阿娟对待苹果的方式不屑一顾，说她不给苹果打农药，人工除草简直就是自找苦吃。尤其当刘阿娟说要尊重苹果，因为苹果是我们的伙伴，村民更是嘲讽地说："你去果园跟苹果聊聊天，看苹果能答应你不？"

刘阿娟把自己家的苹果取名为"爸爸的苹果"，通过微信等网络平台跟大家宣传这个没有农药，没有花哨包装，却实实在在甜脆在味蕾上的苹果。虽然这种没有农药的苹果外表并不光鲜，但是口感确实无敌。2014年的秋天，"爸爸的苹果"在网络上形成热销，刘阿娟出售的不洗皮就能吃的苹果成为大家选择水果的首选。短短几个月，刘阿娟竟然卖出了三千多箱，这下子整个小山村沸腾了，大家终于见识了这个小女生的大能量，纷纷央求入股，要刘阿娟也把自家的苹果卖掉。于是，刘阿娟跟大家签订了承包合同，条件只有一个，每家在种苹果的同时不许打药，不许使用任何催熟产品，就让苹果自自然然地长在树上，直至成熟。

然而全村2500亩的苹果树想要统统卖出去，仅仅凭借着网络简直是杯水车薪，水果成熟时，刘阿娟只能组建起车队，把苹果拉去城里批发，可没有农药的苹果颜值肯定低，收购价格更是低得可怜。刘阿娟等了好多天，最终赔了三万块，才把所有苹果都卖完。

这次的失败让村民再次犯起了狐疑：这丫头毕竟岁数小，办事不靠谱。大家开始动摇，不想再把苹果包给刘阿娟。为此村民和刘阿娟发生内讧，差点上演了“手撕”刘阿娟的闹剧。

刘阿娟恳求大家不要在意一时的利益，早晚有一天，会有人认识到原生态苹果的可贵，大家需要的只是等待。等待的过程是痛苦的，刘阿娟顶住压力，在果园中苦熬三年，刘爸爸都劝她，让她回北京赶紧找对象嫁人吧，刘阿娟看着爸爸，突然想起医生说爸爸活不过半年的说法，可现在爸爸已经好好地活了三年，而且还把抽了三十年的烟都戒了，刘爸爸看出了女儿的诧异，笑着说：“有果园牵挂着自己，自己不舍得死。”

转机总是发生在人们猝不及防的时刻，好多吃过“爸爸的苹果”的回头客纷至沓来，指名道姓要买刘阿娟的苹果，并且还签订了长期销售的合约。也就是说，从今往后刘阿娟的苹果再也不愁卖了。而刘爸爸在去医院复查的时候也得到了好消息，医生说刘爸爸的身体完全稳固，只要按时复查，按时吃药，再活个十年八年都不是问题。

夜晚，刘阿娟和刘爸爸坐在果树下聊天，看着满天繁星和果树上的繁花点点，刘爸爸对刘阿娟说了声谢谢，而刘阿娟则笑着说："只要你好，果园好，乡亲们的日子能好起来，我觉得我所有的坚持与付出都是值得的。"

心灵悟语

所谓坚强其实本身就是一种力量，这种力量可以完胜任何艰难困苦。也许有人会这样说："你不晓得我的环境，我的情况跟谁都不同。我已被困难磨折得再无还手之力，这个世界上没有谁比我更难。"如果一千个人眼中有一千个哈姆雷特，那么，一千个人眼中自己的苦难也都是独一无二的。而想要对抗这些苦难没有捷径，只有让自己坚强，在努力抗击不幸的同时来完善自己。最终当困难被我们击败，自然会发现其实改写命运只在我们一念之间。

真正的精英只想将人生遗憾最小化

在硅谷大楼外有这样一条标语：天才并不追求享乐，唯愿不辜负自己的才华，努力实现创造和服务，真正的精英会将人生的遗憾最小化。

看了这条标语不得不承认，这是明白人说的明白话。生而为人，遗憾之事不胜枚举，说多如过江之鲫也不为过。如果将遗憾比喻成心中的一根刺，那么始终不能释怀的人，就是让这根刺在心底里落地生根，变成了此生难以逾越的一个坎，不但绊倒了自己，也终将难以翻身，就那样躺在遗憾里自怨自艾，最终抱憾终生。

而在芸芸众生中却往往有另一种人，他们所经历的苦难在旁人看来，每一桩都是致命的伤，可偏偏他们却能做到举重若轻，活得更好更洒脱，让人不解却又佩服。这种人的内心深处像是有着一种魔力，他们可以做到把人生的所有遗憾最小化，虽然不能让遗憾消失，可却让它对身心起不了任何作用，而此类人中的代表，莫过于董竹君女士。

董竹君原名是毛媛，出生在一个贫寒的家庭，父亲是个黄包车夫，母亲则靠给人帮佣来贴补家用。就在毛媛13岁那年，父亲病重，原本风雨飘摇的家庭连一日三餐都难以为继。万般无奈之下，毛媛改名为董竹君被家人送到青楼去卖唱，300大洋，三年的期限。

董竹君天生丽质又懂事乖巧，凡来逛青楼的客人都喜欢听她唱曲。但青楼毕竟是个风月场所，董竹君天天数着日子，盼着三年时间早些过去，自己就能离开这个鬼地方。就在董竹君日益长大，开始有客人垂涎她的美色之际，她遇到了当年24岁的夏之时。

夏之时留学日本，刚刚回国，后来跟随孙中山参加辛亥革命，为革命的胜利做出过巨大的贡献。当时夏之时的身份是年轻的督军，陪着客人游玩来到风月场所，认识了董竹君。两个年轻人就这样一见钟情，夏之时对董竹君承诺，会替她出钱赎身，然后带她去日本，俩人远走高飞。这对董竹君这种身份来讲，可谓是天大的好事，可是董竹君却犹豫了，她怕将来一旦夏之时生气，对她说出你是我花钱买回来的，那自己还哪里有尊严存在。于是，董竹君对夏之时提出了三个要求：第一，去了日本不做小老婆；第二，婚后必须要送自己去读书；第三，将来夏之时去从事革命，自己在家料理家务。夏之时对这三个条件满口答应。

就在夏之时准备赎金之际，因为一些事情惹恼了袁世凯，被袁以3万大洋悬赏他的人头。当时满大街的眼线都在寻找夏之时，没办法，夏之时只好仓皇逃跑，而得到消息的董竹君也收拾了细软，趁着月黑风高逃离了青楼与夏之时汇合，俩人坐船去了日本。

婚后的日子是甜蜜的，聪明的董竹君仅用了四年时间就学完了所有课程。回国后，夏之时将她安置在老家，董竹君没想到这竟是噩梦的开始。

夏家是大户人家，人口众多自然也就人多口杂，董竹君的出身不好，得不到尊重，她只好做小低伏，任劳任怨地服侍着全家人。好在那时的夏之时对她极好，董竹君觉得受些苦也无妨。但是人总是会变的，1927年，夏之时的军队被刚上任的熊克武缴械，夏之时被免职。失去了事业的男人就好像被抽掉了脊梁。夏之时从一个顶天立地的汉子，变成了游手好闲、消极愚钝、油腻不堪的中年大叔，整日在家打鸡骂狗，看什么都不顺眼。而董竹君自然成了他的出气筒，稍有不满就破口大骂，最后变成了家暴。

更可怕的事情来临了，夏之时学会了抽大烟、赌博，深埋在他骨子里的封建思想日渐暴露出来。当时的董竹君生了四个女儿，一个儿子。夏之时对女儿非打即骂，女儿重病他也不管不问，任其自生自灭。董竹君抱着孩子寻医问药，而夏之时却因为她忽略了自己又大发雷霆，经常把董竹君身上打得青一块紫一块。几个孩子看着妈妈挨打也不敢吭声，躲在墙角里瑟瑟发抖。董竹君觉得这种日子不能够再继续下去，于是她提出了离婚，并要求带走四个女儿。当时的夏之时轻蔑地看着她说：“在大上海，你一个女人带着四个孩子，如果离开我还能活下去，我就当着你的面，在我的手上把鱼煎熟。”最终，董竹君还是选择了离婚。

搬出了曾经的深宅大院，没有了锦衣玉食，身边还拖着四个嗷嗷待哺的孩子，换成别的女人，估计早就回头祈求前夫的原谅。而夏之时也确实做出了姿态，让别人带话，同意董竹君和孩子们回去。董竹君觉得离婚已经是生命中的遗憾，如果回头，就是将这遗憾放大，以后她自己都会瞧不起自己。董竹君用平时自己积攒的私房钱，开始做起了生意，可毕竟是战争年代，她折腾了几次，生意到最后都是血本无归。走投无路之际，她拿着最后的一点剩余，在别人的指点下开了一家菜馆。

多年做生意积累的经验及董竹君的傲骨与人品为她带来了客源，小菜馆越来越有名气。当时大上海的几位大亨，黄金荣、杜月笙，只要请客必来她的菜馆，渐渐小菜馆变成了大饭店，董竹君也成了当时赫赫有名的女企业家。这个要强的女人还参加了革命，在国家最困难的时候，她把辛苦赚来的钱无偿捐献给了国家，并且连续七次当选政协委员。董竹君于1997年去世，享年97岁，她在乱世中谋生创业的故事成了几代人学习的榜样，她吃了太多的苦，却又最懂得把所有遗憾最小化，最终成就了自己。她创建的菜馆现在还在上海继续营业着，那就是著名的锦江饭店。

心灵悟语

遗憾是成长中的必修课，也是每个人必须经历的过程，遗憾确实非常痛楚，那种怅然若失求之不得的悔恨，着实会让人沮丧。然而福兮祸所伏，祸兮福所倚，一定要相信世间事都会有两面性，谨记遗憾所带来的伤痛，将遗憾最小化，反而会让以后的成长之路上少些遗憾，多些圆满。

最丰盛的资源在心中

不知从哪天开始，人们在成长的过程中拼起了资源，拼起了爹妈。这种现象让大家陷入了一个怪圈，有了问题不去想办法如何解决善后，而是急忙翻阅通讯录，看看有没有能人可以帮自己走出困境。

当朴槿惠被闺蜜的女儿牵引出蛛丝马迹而锒铛入狱，当《人民的民义》中顶级大领导被儿子的胡作非为而查出贪腐之实，种种的迹象已经在提醒世人，其实人脉和资源有时并非好事。好资源就像是一柄双刃剑，用来处理困境虽如快刀斩乱麻，省去了许多麻烦，可留下的隐患却如堤坝中的蚂蚁之穴，最终导致自己步入了万劫不复的深渊。

成长过程中最重要的就是脚踏实地，一步一个脚印，每个逆境，于自己都是一个提高的过程。与其试图寻找捷径，不如积极应对。

曾经有记者采访过一代歌神张学友，在他的身上，大家发现了他极其正确的育儿观。对待自己的女儿，他从来没让孩子感觉到自己的爸爸有多么出色，在孩子的心目中，爸爸的名字就是个很普通的名字。

2000年的时候，张学友和老婆在结婚四年后，生下了大女儿张瑶华，当时张学友有巡演在身，老婆让他去忙自己的事情，家里有保姆就足够了，可张学友却觉得这个时候，他应该属于家庭，属于妻子和孩子。可没想到，就是这一个男人对家庭的承诺却被记者得知，第二天就登在了报上，粉丝们哗然，各种言论甚嚣尘上。张学友突然明白，自己的所作所为不单纯是一个男人对家庭的承担，他是个公众人物，他的家人必然也将出现在众人审视的眼光当中，他开始担心起女儿来。

张瑶华上幼儿园后，张学友就跟女儿私下约定，不去跟小朋友刻意提起爸爸，因为爸爸只是个会唱歌的普通人，歌唱是爸爸的工作，这个工作并不比别的工作更值得炫耀。张瑶华懂事地点点头，从此，她真的没提过自己的爸爸是张学友。而且为了怕孩子了解到自己的知名度，家里的电视，还有带着张学友新闻的周刊都被藏了起来。

2005年，张学友的老婆又生下了小女儿张瑶萱，张学友喜悦之下，为孩子写了一首《你在我身边》的歌，并第一次弹着吉他，在孩子面前唱了这首歌。张瑶华竟然觉得爸爸唱得不好听，没有自己喜欢的歌星唱得好，爸爸肯定没什么名气，那赚钱养活自己也一定很辛苦，自己会好好读书，将来帮爸爸分担。张学友听了哭笑不得，不过还是觉得非常欣慰。张学友的老婆非常不理解他的做法，因为一些明星爸妈为了子女上学恨不能昭告天下，去最好的学校，往返保安接送，声势浩大。张学友笑着说，如果将来孩子有能力让自己名满天下，她如何做我都会支持她，可现在，她所受到的关注是因为我，那么，我情愿她不被关注，简简单单，平平安安地长大。我不想给她任何资源，总有一天她会懂得，爸爸给她的内在的一切，才是她最好的资源。

有同样想法的还有杨澜。一般明星的孩子大多去上贵族学校，学费高是一方面，私密性也好，可以保证孩子不被打扰，正常地学习。而杨澜却把自己的两个儿子送去了北京公立学校，孩子在那念了好几年，老师才得知家长联系表上所填写的杨澜真是那个知名主持人杨澜。校庆的时候，老师试探着问询杨澜可不可以代表学生家长讲一段话，杨澜应允。讲台上，杨澜面对着众人，说出了一番感人肺腑的真心话。她说她其实就是个普通人，只不过因为工作的特殊性，让她有了被更多人熟知的机会，而她的孩子自然也就是普通的孩子，她希望孩子的圈子别被自己模式化，让孩子跟大家一起，享受国家所给予的免费教育，跟天下千千万万个普通孩子一样，健康地成长。杨澜的话得到了大家雷鸣般的掌声。

心灵悟语

为人父母者，孩子在自己眼中肯定是掌上明珠，把天底下最好的一切都给予子女是每个做家长的心愿。然而，终究有一天，父母会老去，孩子要一个人面对这个陌生的世界，给孩子一个正确的三观，给他一个丰盈的内心，要远比给他自己的资源和人脉重要。

所有的苦难，都有过去的一天

在成长中，总会有一些事，让我们感到困惑茫然，甚至有的人会从此一蹶不振。也许我们每个人的身边就有诠释着这个词汇的真实案例，曾经意气风发的朋友，遭遇重创后精神萎靡，再无斗志；或者是志得意满的上司，经历过大起大落后，威风不再，酒后痛哭失声。这些人用他们生活的不如意演绎着一蹶不振的后果。

大厦将倾，必会有重建的可能；心房坍塌，妙手仁心的医术仍然可以让人免去一死。无论多大的重创，只要心不死，永远都有东山再起的希望，所以，面对成长中的坎坷、波折，收拾心情，重新规划自己的未来才是正经事。我们要永远明白一个道理，这个世上，能挽救当事人的，只有他自己本身，而非旁人。就如同英国人吉姆，面对生活的不如意，他几欲轻生，最后还是他用自己的善良与友爱拯救了他人，成全了自己。他以为他遇到了生命中的贵人，实际上，是他做了自己的贵人。

这是一个温暖的故事，却有着悲伤的开始。吉姆觉得自己是世界上最倒霉的那个人，孩子遭遇车祸离开了这个世界，老婆心痛难忍，导致精神出现了问题，住进了精神病医院治疗，而吉姆因为心情沮丧耽误了工作也被公司开除。喝得酩酊大醉的他又接到了源源不断的账单，吉姆觉得这世上再也没有什么值得自己留恋了，他打算轻生。

善良的吉姆不想在家中自杀，他怕因为自己的原因，房子成了凶宅影响了房东的生意，于是他开车打算找一个僻静的地方了此残生。

吉姆穿过了两条街区，看到路边有个老人蹲在那里，好像在找寻什么，吉姆下车，走到老人身边，老人呻吟：“我肚子太疼了，我实在走不动了。”吉姆把老人扶上车，急忙奔赴医院，好在老人经过检查并无大碍，吉姆又把老人送回了家。老人热情地请吉姆坐下，并且要家人给他煮了杯咖啡，老人看出了吉姆的沮丧，问他可是遇到了什么难事吗？吉姆无奈地把自己遭遇的事情讲了一遍，老人听了，飞速地在一张纸条上写了几行字给了吉姆，还郑重地告诉吉姆他叫罗杰斯，要吉姆以后有什么困难就来找他。

吉姆拿着纸条坐进了车里，他看着纸条上写着要他去找一个叫贾斯汀的人，说他会给吉姆需要的一切。吉姆苦笑着把纸条揣在了口袋里，他心如死灰，已经不想再要什么机会了。

吉姆带罗杰斯去医院治病耽误了时间，此时已经是黄昏，吉姆想第二天去精神病院再看看妻子，于是开车先回了家。就在他家的门口，一个小女孩在路边哭泣，吉姆上前询问，得知小女孩跟妈妈吵架，离家出走，结果找不到了回家的路。吉姆让小女孩上了车，带着她一条一条街区地找，小女孩一边找家，一边跟吉姆聊天，让吉姆想到了自己死去的孩子，不禁红了眼眶。小女孩热心地拿纸巾给吉姆擦眼泪，还拍打着他的肩膀，告诉他要勇敢，可惜吉姆心中再无欢意，谁的劝说都改变不了他现在的心情。终于找到小女孩的家，女孩的妈妈感激涕零，请吉姆吃了晚饭后送吉姆出门，也从口袋里掏出一张纸条递给了吉姆，并且说："吉姆先生，尽管你没说，可我仍然能看出你需要帮助，麻烦你打这个电话，贾斯汀先生肯定会帮你的。"吉姆看着字条苦笑，为什么一天里两个人都要让自己去找这个贾斯汀，可自己现在这种情况，就算是找到天使，又有什么用呢。

吉姆回到家，无聊地打开电视，看到新闻中说英国一处小镇遭遇洪水，爱心人士筹备了一些物资想给小镇送去，可惜车辆不够难以成行，新闻里一再表示此去路途难行，恐怕有危险。吉姆听了正中下怀，自己一个一心求死的人还怕什么危险，不如临死之前再做点好事，于是他主动报了名。

经过几天的舟车劳顿，吉姆顺利完成了任务，长途的旅行让吉姆心中的郁闷突然减轻了许多。领队马克对吉姆的善举大加赞赏，感谢之声不断，临分别的时候，马克拿着一张纸条说："吉姆，无论你遇到了什么，我能看出来你有心事，去找贾斯汀吧，他会帮助你。"吉姆这回彻底无语了，这个贾斯汀简直是无孔不入，他到底要对自己做些什么？

吉姆经历了这么多的事情，他突然觉得自己也许可以好好地活下去。灾区的人们家园都被洪水冲走，无家可归，可每个人还都兴致勃勃地打算重新盖房子，开始新生活，那为什么自己不能把家打理好，让可怜的妻子治好了病也有个落脚的地方。吉姆终于想通了，他决定去找贾斯汀。

吉姆到底按照纸条上留下的地址，找到了贾斯汀。原来贾斯汀所在的地方是一家叫天使慈善会的场所，吉姆把三张纸条递给贾斯汀，贾斯汀笑了，说："我的孩子，不管你有什么样的过往，但现在的你在我眼前就是个天使，我会给你一份稳定的工作，一个长期的住所，还有少量的零花钱，直到你发了薪水为止。"吉姆愣住了，他不敢相信这是怎么回事，这一切又是为什么？

贾斯汀给了吉姆一个意想不到的答案，原来，贾斯汀是个富二代，接手了父亲的巨额遗产后，一直想为这个国家做些什么。他选择了做慈善，而吉姆家的遭遇他早就看在了眼里，可他明白，一个人要是自己没有生存的欲望，就是给他再多金钱也于事无补，所以，才有了那三个人的出现。因为贾斯汀想测试一下吉姆是否是个好人，是不是值得自己搭救，而吉姆确实没有让他失望，所有人都在等待吉姆自己走出阴霾，能出现在这里。现在，吉姆既然来了，说明他已经彻底走出了想要自杀的阴影。

吉姆没想到自己的遭遇还能得到这么多人的关注与关怀，忍不住泣不成声，他哽咽着对贾斯汀说谢谢，贾斯汀说："不要谢谢任何人，要感谢你自己，如果你自己走不出来，我们付出再多的努力也是徒劳。"

最终，吉姆成了天使慈善会的一员，用自己的切身经历去劝说那些企图放弃生活的人。

心灵悟语

在成长之路上最怕的就是拼尽全力却颗粒无收，满心欢喜换得草草收场。于是我们觉得遭受到了重创，失望、沮丧、困惑、挣扎，甚至绝望，对世间的一切产生深深的不信任感与抗拒感。其实所有的故事都会有一个答案，所有的答案却未必都如最初所愿。所以每个人需要做的是放宽心、坚持住，相信一切都是上天最好的安排。

换个姿势，生活也许更美丽

人活在世，都会有着这样或者那样的压力，生活、学习、工作、家人，每个环节都会给人以莫大的压力。如果有人说他此生没有压力，要么他是天生没有责任感，要么就是他对人生没有任何规划和期待。

不可否认的是，我们的每次成长其实都跟压力有着莫大的关系，当负重前行，挺过最难的那一段时光，回头观望，所承受的压力有很多时候其实都会幻化成动力，迸发出惊人的能量，完成自己想都不敢想的任务。

也许有人会说，我的压力大到你们凡人无法想象，那是个永远都迈不过去的坎。那么，换个方式好不好？不去迈那个坎，而是躺下睡一觉。有很多时候，换个姿势去看待压力，会发现压力也许会以别样的形式呈现出来，变得没有当初那么可怕。但凡觉得自己被压力压得已经即将崩溃的人，不妨听听流传在冰岛的猎人和雪脚鹿的故事。当一个人性命都难以保障的时候，那么，所有的压力也许只变成了一个目的，那就是活着。只要能活着，那些压力全部成了鸿毛，轻飘飘浮在天际，再也不会给人以重负。

在冰岛有一个著名的猎手，他叫巴斯卡，每年初春来临，巴斯卡就会独自闯荡霍夫斯冰原，去寻找可卖得高价的雪脚鹿。雪脚鹿只要遇到巴斯卡，那么就绝无逃生的可能，巴斯卡也因此有了“雪脚鹿克星”的称号。

4月初的一天，巴斯卡又来到了冰原，开始了他的狩猎。刚转过一个山脚，一只雪脚鹿就出现在了他的眼前，可是这只鹿肚子鼓鼓，一看就是怀了小鹿，巴斯卡不禁为自己的好运气欢呼。在冰岛雪脚鹿的幼子是体弱者补身体的昂贵食材，价格甚至可以比成年的雪脚鹿高上几倍。

这个时候，母鹿估计是闻到了人的气息，它警觉地想远离危险。可没想到，有经验的巴斯卡此时开了一枪，也许是母鹿命不该绝，火药受了潮并没有响。母鹿撒欢地奔跑，而巴斯卡的老式猎枪再想装上子弹已经来不及。巴斯卡不愧是有经验的老猎手，他把手里的铜管猎枪朝着母鹿的腿狠狠砸去。母鹿跌倒了，巴斯卡扑过去想生擒母鹿，求生的本能让母鹿拖着伤腿朝着森林跑去，巴斯卡紧紧追赶。当追到一片草地上的时候，巴斯卡飞身一扑，整个人扑在了母鹿后背上。母鹿使出浑身的力气朝前一跃，一声轰然的巨响，母鹿和巴斯卡突然都不见了踪影。

巴斯卡揉着剧痛的脑袋睁开了双眼，原来他跟母鹿都跌落进了猎人挖的陷阱中。巴斯卡跌得昏迷过去，可怜的母鹿伤得更重，皮开肉绽，奄奄一息。巴斯卡打量着陷阱，多年的经验却让他对这个陷阱手足无措，莫大的生存压力让他恨透了眼前的母鹿。他踉踉跄跄地站起身，狠狠地踢了母鹿一脚，可就在母鹿的身后，一个带着凶狠绿光的眼睛，让巴斯卡彻底惊呆了。那是冰岛最凶狠的白狼，正趴在母鹿身后，一边喝着母鹿身上的血，一边像盯着一块肥肉似的看着巴斯卡。白狼发现巴斯卡发现了自己，缓缓地站起了身，不屑地看着巴斯卡和母鹿，最终决定先吃掉伤得最重的母鹿。白狼朝着母鹿缓缓走去，母鹿吓得嗷嗷地叫，贴近了巴斯卡。巴斯卡本能地向后退去，可他万万没想到，母鹿竟然扑通跪在了他的面前，美丽的大眼睛里泪流成河。

巴斯卡打猎多年，心硬如磐石，可他这回却被母鹿的举动打动了，他大声地对着母鹿吼叫："别怕，你有我。"母鹿好像听懂了巴斯卡的话，急忙躲在了巴斯卡的身后。白狼的眼神带着王者的蔑视，它改变了方向，决定先吃掉巴斯卡。

白狼转了几个圈，突然一个后退，后腿用力一蹬扑到了巴斯卡的身上，两只狼爪搭在了巴斯卡的肩头，张嘴朝着他的喉咙咬去。巴斯卡冷静地掐住了白狼的咽喉，人狼对视，白狼索性用锋利的爪子在巴斯卡身上抓挠，瞬间把巴斯卡的衣服扯成了布条。巴斯卡的上身血肉模糊，体力不支的他无奈倒在了地上，闭上了双眼。他知道，这次他不能再活着走出这里了。可就在这关键时刻，巴斯卡突然觉得身上的刺痛消失了，他缓缓睁开双眼，母鹿正低着头，拼尽全力把头上的两只角伸进了白狼的胸脯里，母鹿用它的鹿角一次次撞击着白狼，渐渐地，白狼浑身瘫软，最终翻了两下眼睛，死去了。

巴斯卡和母鹿都松了一口气，巴斯卡起身抱住了母鹿，他发誓一定要走出这个陷阱，把母鹿的病治好，以后这辈子都不再以捕鹿为生。然而，来不及了，母鹿为了杀死白狼用尽了浑身的力气，它发疯般用残存的气力生下了小鹿，立即就陷入了昏迷。小鹿生下来饿得嗷嗷叫，它使劲咬着母鹿的奶头，可那里却没有一丝奶水。母鹿挣扎着站起身，用嘴叼住巴斯卡的衣襟，把他牵引到洞口，母鹿祈求地看着巴斯卡，又看了看小鹿。巴斯卡明白了，他答应母鹿，只要自己能活着出去，一定会把小鹿养大。母鹿的眼睛又流出了泪水，它低下了高傲而美丽的头颅，慢慢地矮下身子，示意巴斯卡踩上去，巴斯卡流着眼泪抱起了小鹿，踩着母鹿的身子，抓住了洞口的藤蔓，慢慢地爬了上去。巴斯卡跟小鹿站在洞口，回望着洞里的母鹿，巴斯卡哀求它一定要挺住，自己马上找人来救它。母鹿痴痴地看着小鹿，轰然倒地。

巴斯卡，一个打猎三十载的男人，第一次为了一只死去的猎物掉下了伤心的眼泪。

从此，巴斯卡身边有了一个宠物，就是那只小鹿，而无论谁给他多少巨资，他都不再去打猎。更让人想不明白的是，原本整日沉着脸，从来没有欢颜的巴斯卡好像换了一个人，他会逗小鹿玩耍，没事就呵呵呵呵地笑。有人问他：“巴斯卡，你可是中了彩票？高兴成这样？”巴斯卡淡淡地回答：“经历过生死你就知道，什么金钱、财富、名气、地位，统统都是过眼云烟。我都恨我自己以前虚度了几十年，以后我要天天笑着生活，这个世界除了生死，没有什么是大不了的。”

心灵悟语

其实压力有的时候并不严重，是人心和人性将压力无限扩大。成长的道路上要永远相信，人定胜天，有人在，一切都是小事。静下心来，换一个姿势去看待压力，哪怕是绕个远，或者是停一停，再看压力也许它会变成另一种独特的风景。

再没有好办法，也不要用坏主意

要说这世上有哪个词让人觉得无奈，那么“两害相较取其轻”肯定会榜上有名。成长过程中也许真的会有一天，有恼人的问题同时出现，让人无从选择，要么损人不利己，要么利己但是却同时伤害了他人的利益，无论是谁碰到这样的情况，都是考验人性的时刻。

儒家思想提倡“无为而治”，老子认为：“我无为，而民自化。我好静，而民自正。我无事，而民自富。我无欲，而民自朴。”所以“无为而治”并不是什么也不做，而是不过多地干预，是顺其自然。老子的这一论点在某些时刻真的会发挥它的重要作用。比如说，当面临抉择的时候，没有好办法，但是又想做出决定的时刻，不如充分发挥无为而治。这里指的不是逃避问题视而不见，而是在想不出合理的应对时给自己一个缓冲，兴许原本不好的事情会发生惊天的逆转。就如同生活在美国的康纳德和黛丝夫妇，在感情上出现纠纷时，黛丝没有冲动地做出两败俱伤的坏决定，最终挽救了婚姻，也拯救了她最爱的丈夫康纳德。

康纳德和黛丝是美国田纳西州的一对普通的恩爱夫妇，可是一个女人的到来却打破了这个家庭的温馨。那是一个周末的午后，康纳德正在花园里修剪草坪，一个女人站在了花园的外头，深情地看着康纳德。康纳德看见女人，手里的机器滑落在地上，两个人对视，都突然间泪流满面。康纳德的老婆黛丝在屋子里看着这两个人，心里布满了阴霾。

从那以后，康纳德每天早出晚归，总是满腹心事，没过多久就憔悴了。黛丝想问他那个女人是谁，但她不敢，她怕听到最不想知道的事。终于，康纳德犹豫许久，跟她讲述了自己跟那个女人的往事。

女人叫苏珊，是康纳德青梅竹马的女朋友，两人原本打算大学毕业就结婚，可没想到，有一天苏珊举家搬迁，再也没了音讯。康纳德为此痛不欲生，恢复了好几年，直至遇到了黛丝，才重新燃起了对爱情的希望，两个人结成了夫妻。黛丝想了又想，问康纳德："那天站在院子外头的就是苏珊？"康纳德点了点头。原来当年苏珊的脑袋里长了肿瘤，医生说治愈的希望很渺茫，苏珊要求父母火速搬离小镇，她不想深爱着自己的康纳德看着自己就那样死去，长痛不如短痛，索性让康纳德就此忘了自己。康纳德说到苏珊当初的决定瞬间红了眼眶，他不敢去想苏珊带着病痛还要替自己考虑，所有的痛楚都一个人硬生生地扛了下来。好在苏珊最后经过治疗得到痊愈，所以，她出现在了康纳德的家。

黛丝看着康纳德："那你现在怎么想？"康纳德摇头："我不知

道。”这么多年的夫妻，黛丝了解康纳德，他现在的不决定其实已经是做了决定，他爱的天平已经倾向了苏珊。夫妻俩不欢而散，黛丝开车离去。

半小时后，康纳德接到了警方的电话，黛丝开快车遭遇车祸，现在人事不省地躺在医院里，生死未卜。康纳德疯了一样赶到医院，站在手术室门外，不停地祈祷，祈祷黛丝不要死，否则他永远都不会原谅自己。三个小时过去了，手术室的门开了，手术非常成功，黛丝转危为安，康纳德松了口气。可没料想，更大的不幸还在等着他，那就是黛丝经过猛烈地撞击，失去了记忆。康纳德拼命地让黛丝回忆，她到底遭遇了什么，可黛丝一问三不知。医生说这种事情在车祸病人身上偶然发生也是有的。两周后，黛丝出院了，她真的完全忘记了曾经的不愉快，也忘记了跟康纳德深厚的感情，她每天乐呵呵地做饭、浇花，就好像她依然单身。

苏珊跟康纳德为此也有过争吵，苏珊要康纳德给自己个交代。可康纳德觉得自己根本不能在现在这个时候放弃黛丝，否则黛丝出现任何事情，自己都不会安心。苏珊悲伤离去，康纳德也痛苦万分。

半年后，康纳德带黛丝去度假，好帮她找回失去的记忆。但黛丝好像有什么心事，目光总是游离，欲言又止。一天，康纳德早起去钓鱼，回来的时候却在一家宾馆大堂看到了黛丝的身影。黛丝正跟大堂经理讲述：“我半年前在这开了房，走的时候太匆忙把结婚戒指忘在了房间的洗手台上，你们真的没看见吗？那戒指对我来说很重要。”大堂经理疑惑：“既然是非常重要，可你为什么半年以后才来找？”黛丝吞吞吐吐地说：“我出了你们酒店就出了车祸，我，我一直在养病。”大堂经理经过确认，拿出了那枚结婚戒指，黛丝欣喜若狂，回身，看到了站在身后的康纳德。康纳德有些生气：“你并没有失忆对吧？你为什么要这么做？”

深夜的酒店花园，黛丝哭着跟康纳德解释，自己深爱康纳德，可苏珊也没错，康纳德也没错，在一个谁都没错的感情事件里，黛丝不知道该如何抉择。她当时真的想如果能失去记忆，就当什么事情都没发生过，这样就算康纳德离去，他也不会内疚，因为自己什么都不记得了，也不会伤心。于是，黛丝觉得既然当初苏珊为了康纳德远走他乡，那么这回自己就用失去记忆，来让康纳德安心地跟苏珊离去，可谁知道，康纳德却留了下来。康纳德把黛丝拥抱入怀，对她讲：“婚姻代表的不仅仅是爱情，更是一种责任，既然选择了就不允许任性。苏珊已经是过去式，那就把她深埋在心底吧。”夫妻俩摒弃前嫌，紧紧拥抱在了一起。

心灵悟语

生活原本就是一段让人逐渐成长渐渐成熟的旅程，这个世界并不是非黑即白，有很多似是而非，有很多模棱两可。别跟生活较真，别让生活给自己个清清楚楚明明白白的结果，有很多时候，惨剧的发生并非事情到了鱼死网破的境地，而是人性的善恶与脑洞的大开，才把结果逼到了没有好方法那就用坏决定的境地。在成长的路途上，冷静一点，成熟一些，选择无为而治，放自己一条生路才是最明智的选择。

不做月光族，用积蓄给未来一份保障

成长过程中，什么最可怕？发胖？病痛？朋友的误解？NO！NO！NO！这些都不是最可怕的，随着时间的流逝，它们都会找到解决的方法。这世上有一种最能让人深陷尴尬，最难为情，最束手无策的事情，就是——没钱。

现代人都很讲究生活的品质，花钱的方式与潇洒程度是那些老一辈的人永远理解不了的。有很多时候，父母跟儿女之间在经济上产生纠纷往往就始于价值观。父辈们节衣缩食，粗茶淡饭，让孩子们误以为家里很拮据，想吃的零食，喜欢的衣服，都不好意思跟家人开口，为此造成了长大后觉得童年留有遗憾。而一些长辈见孩子们花钱如流水，工资又动辄万元以上，一心以为孩子们会攒有巨款。结果，到了用钱之际，一辈子没穿过华服，没吃过鲍鱼的父辈可能会真的掏出几十万；而那些开好车，穿名牌的孩子，也许只有各种“欠”，欠信用卡，欠着“花呗”，欠着“借呗”，每个月发了工资急忙先准备还款。

其实不能说谁的消费观念有错，但是谁也不能否认钱，以及积蓄的必要性，月光族的无奈与心酸恐怕说出来会有一箩筐。

成长最基本的要素就是应该学会规划，而理财应该是最先要做好规划的一件事。每个月哪怕只稍稍地攒上一些钱，也能堆沙成塔，集腋成裘，在应急之时，只有自己的存款才会为自己保存最后的颜面。有人也许会说，我赚得太少，根本就攒不下。其实攒钱是种习惯，真的跟赚多赚少没有太大关系。有人年薪百万，可仍旧需要啃老；有的人月薪三千，年底却能凑成个整数送进银行去存个定期。年轻人更是要有理财观，不做月光族，用积蓄给自己的未来一份保障。

当然，也会有人说，我们家从小就家境优渥，我花钱花惯了，节俭不下来。那么，请问你这个优渥的家庭能不能赶超澳门赌王？而就在2017年3月，一则赌王之子坐经济舱的新闻上了热搜。3月13日晚间，名为“何猷君MarioHo”的网友在微博发布消息称，自己与朋友搭乘香港航空，因护照遗落机上，导致无法入境。而后向香港航空求助无果，被告知护照丢失需要返回香港补办，导致其滞留在机场过夜。并称香港航空对其“爱答不理，态度极其差的原因难道是因为自己买的是经济舱”。“何猷君MarioHo”的微博认证信息为香港社交名人、赌王何鸿燊四房儿子。最后护照找回的事情暂且不表，仅仅就何猷君坐经济舱这件事，成了大家热议的话题。有记者就此问何猷君，他回答得很简洁：“有钱坐经济舱是什么大不了的事吗？节俭不是每个人都应该做的吗？”

何猷君说得很对，节俭确实是种美德，如果一个人对金钱都规划不了，肆意妄为，那么，到最后的结果很可能是吃穿都成问题。就像台湾的平民歌后徐怀钰，这个凭借《我是女生》而一曲爆红的邻家小女生，据说当年在院子里晾晒衣服，随意地哼唱被金牌制作人相中，随之走上歌坛，最终大红大紫。这原本是个非常励志的故事，可是几年后，她再次出现在新闻中却面色憔悴，再没有了往日的光彩，而且据说经济也出现了状况，有的时候甚至要靠粉丝的接济度日。对于她的现状世人无限唏嘘，当年她也是月入百万的小歌后，如果能早些预料到以后，略有结余，都不会是现在的局面。

而另一个出身贫寒之家的罗志祥，却真的可以称为是攒钱小能手。绰号“小猪”的罗志祥年幼之时便遭遇父亲因为肝硬化去世，之后与母亲相依为命。妈妈为了养活他四处找工作，什么苦活累活都干过，罗志祥每次看着妈妈操劳过度的双手都会潸然泪下。

好在命运永远眷顾着肯努力的人，罗志祥步入演艺圈后，终于走红，号称吸金能力最强的他从来没有乱花过一分钱，都老老实实交给妈妈打理，甚至到现在他连自己有多少钱都不清楚。

明星们的赚钱速度是工薪阶层望尘莫及的，可就在白领们还在找代购买名牌的时候，却又传闻说范冰冰会在木樨园跟卖衣服的小贩讨价还价，而周迅也会经常去逛动物园的服装批发市场……且不论传闻是否真实，但她们的低调节俭总是能给现今的年轻人一些启示，生活是过给自己的，不是给别人看的。虚荣浮夸并不能给自身增值，而有力的金钱保障却是每个人的坚实后盾。

心灵悟语

如果说家境我们无从选择，但是我们毕竟可以通过成长去选择自己将来想要的生活，好好地规划自己的收入，做一个攒钱小能手，手有余粮，内心才不慌。现代人总把安全感挂在嘴上，实际上，安全感完全是自己给的。从此时此刻起，不做月光族，时刻切记，钱真不是万能的，但是没有钱肯定是万万不能的。

真正的不幸是从未认清过自己

谁都不能否认人是有着七情六欲的高级生物，每个人都是独特的个体，都有着自己对这个世界的理解与认知。正因为每个人的独特属性，所以想要真正认清一个人，其实是很难做到的一件事。甚至有的时候，可能就连我们本人都无法认清自己。

圣严法师曾经教导世人，再高深的佛法归根究底只是在指导大家如何认清自己。为此，还有一个关于圣严法师的小故事，说是有一天，圣严法师遇到一位书生，书生问法师："我怎么才能真正地认识到自己，我不知道自己什么地方好，什么地方差，又怎么认识自己呢？"圣严法师说："你不要看自己，你去看别人，你眼中的别人是怎样的人，那么真实的你就是那个样子。"书生顿悟，从此虚心对人，戒骄戒躁，最终成了学问大家。

成长首先就是个认清自己的过程，只有认清了自己，才可以规划自己的将来，扬长避短，利用自己的优势，因势利导，最终成为自己最想成为的那种人。而如果反其道行之，一个人连自己都认不清楚，随波逐流，人云亦云，不但会给自己的生活事业造成无法估量的损失，也会给身边的人带来数不清的烦恼。就如同当年以一首《梦醒时分》红透亚洲的陈淑桦，清清秀秀的一个女孩子，有着异常动听的歌喉，当时的事业也是如日中天。她的生活和事业一直由妈妈打理，陈妈妈对女儿体贴备至，大到合同签约，小到衣食住行，全部包办。陈淑桦在妈妈的呵护下，单纯开朗又善良，不谙世事，像个长不大的小公主。然而正当她事业蒸蒸日上之际，突然整个人都消失了，没有人可以联系上她，好多工作邀约只好换人。多年后，才有记者捕捉到她的身影，但是昔日的光彩早已不再，她憔悴了很多，后来经过好友的多方打探，才得知原来是陈妈妈的离世，让陈淑桦突然失去了主心骨，她不知道自己还应该做些什么，还会做什么，索性躲了起来，任凭自己活在对妈妈的思念中，整个人也终身未嫁，孤单一生。陈妈妈的离去，带走了女儿所有的幸福。

有很多时候，认清自己其实也是种自强自立的表现，如果无论什么事情都假手于人，看似方便舒服了很多，可是一旦失去仰仗，那么属于自己的不幸就会瞬间来临，让自己无所适从，甚至迷失在了本该成长的道路上。所以说认清自己，早点找到属于自己的定位，是让自己以后的生活和工作变得更加顺畅的基本要素，否则，无论是对人对己，都是不负责任的表现。

就像是2014年突然宣布婚变的孟庭苇，一代歌坛玉女掌门，猝不及防地把自己的隐私暴露在了八卦杂志上。而更让人瞠目结舌的是，一场婚变竟然演变成了闺蜜和前夫互相撕扯的闹剧。作为当事人的孟庭苇却仿佛生活在另一个没有烟火气息的世界，始终不肯出面讲话。最终，她得到的是闺蜜的不满和前夫的打脸，让自己陷入到了异常尴尬的境地。有人说，这也许就是她没有认清自己，才导致出这么大的一场新闻。

1969年出生的孟庭苇因为长得美丽，从小到大就是在各种赞美和夸奖中度过的。作为家里唯一的女儿，父母自然把她当成掌上明珠，极尽呵护宠爱。有人说，年幼时太过受宠的人，因为不谙世事，所以长大后情商都会多多少少出现问题。当然，这个说法太过武断，但对于孟庭苇来说，小时候的她，就连学校布置的手工作业都会拿回家由哥哥们帮着完成，而她自己也认为这是理所应当的事情。

转眼间，孟庭苇高中毕业，因为有一副清亮的好嗓子，很快就有唱片公司主动来找她签约。没有任何磨难，她就以少女歌喉征服了广大听众，开启了属于自己的事业黄金年代。鲜花和掌声将这个刚出校门的少女紧紧围绕，接连不断的工作安排让年轻的孟庭苇疲惫不堪。与许多动辄给孩子灌鸡汤的父母不同的是，孟庭苇的父亲直接告诉她："要是嫌累就回家，老爸养你。"演艺圈其实跟斗兽场无异，能在这个圈子混得风生水起的人，大多有一颗强健的心脏，稍微有一点玻璃心的人估计都无法存活。

当时的艺人都归属于唱片公司，她们带在身边的助理都由公司指派，来照顾她们的一些琐事。一天，助理带着孟庭苇去赶一个通告，结果助理搞错了时间，导致孟庭苇迟到了半个小时。所有人都对助理怒目而视，助理怕保不住饭碗，大庭广众之下，把责任推给了孟庭苇。单纯易感的孟庭苇当场就有点懵，她根本就不知道该如何处理这种事情，她不去辩解，不去争取，反而在自己的心里筑起了一道墙，抵挡住任何试图来接近自己的人。从那以后，孟庭苇的不好接触就成了被人诟病的地方。

如果说，以上这些事还都能让人觉得事出有因，那么在一次录影的时候，仅仅因为主持人让她略微夸张地去模仿自己的偶像，孟庭苇便觉得非常不开心而趁势溜走，则让所有人都对她失望。当然，这个事情的结果是孟庭苇从此被封杀。

经历了种种，孟庭苇还是没认清自己作为一个演艺界人士，到底该怎么做，该做什么，她只是遇到困难就想逃避。所以当遭遇到所谓的“封杀”，孟庭苇打算用嫁人，逃进婚姻里来保护自己。

2004年的7月，孟庭苇与张志鹏携手走入了婚姻殿堂，可婚后孟庭苇才发觉，这不是她憧憬的美满婚姻。尤其是当有了孩子后，两个人的观念各异，导致吵架频发，现实与梦想之间的差距让她绝望。再一次，她没有想着怎么去改变，而是又开启了逃避模式。好在孟庭苇有一个极好的闺蜜，那就是南方二重唱组合里的大南方闫宗玉，闫宗玉为孟庭苇打

抱不平，跟张志鹏大吵起来，被记者曝光到杂志上。而当事人孟庭苇却不再发声，其实熟悉她的人都知道，她一贯就这样。

人生总是有这样那样的不如意，遇事就逃，不敢面对现实，是很无力的表现。我们都在一天天长大，认识自己，肯定自己，提高自己，才是我们每个人应该做的。

心灵悟语

其实仔细看每一个不幸的人身上，都有着一个相对要人命的缺点，所以才会衍生出“可怜之人必有可恨之处”的话语。及早地认清自己，适时地去修正自己的问题，不躲闪，不逃避，不怨天尤人，那么，也许每个人的一生都将会被改写，这样，也才会成长为一个真正成熟而又理智的人。

努力活成自己喜欢的模样

版式设计：蒋碧君
文字编辑：杨　静
美术编辑：苟雪梅